Python 树莓派编程
从零开始
(第 3 版)

[美] 西蒙·蒙克(Simon Monk)　著

张小明　任海英　译

清华大学出版社

北京

北京市版权局著作权合同登记号　图字：01-2021-6892

Simon Monk

Programming the Raspberry Pi: Getting Started with Python, Third Edition

EISBN: 978-1-264-25735-5

图书在版编目(CIP)数据

Python树莓派编程从零开始：第3版 / (美) 西蒙•蒙克(Simon Monk) 著；张小明，任海英译. —北京：清华大学出版社，2022.8（2024.3 重印 ）

书名原文：Programming the Raspberry Pi: Getting Started with Python, Third Edition

ISBN 978-7-302-61136-3

Ⅰ.①P… Ⅱ.①西… ②张… ③任… Ⅲ.①软件工具—程序设计 Ⅳ.①TP311.561

中国版本图书馆 CIP 数据核字(2022)第 110342 号

责任编辑：王　军
装帧设计：孔祥峰
责任校对：马遥遥
责任印制：刘海龙

出版发行：清华大学出版社
　　　　　网　　址：https://www.tup.com.cn，https://www.wqxuetang.com
　　　　　地　　址：北京清华大学学研大厦 A 座　　　　邮　　编：100084
　　　　　社 总 机：010-83470000　　　　　　　　　　邮　　购：010-62786544
　　　　　投稿与读者服务：010-62776969，c-service@tup.tsinghua.edu.cn
　　　　　质 量 反 馈：010-62772015，zhiliang@tup.tsinghua.edu.cn
印 装 者：三河市东方印制有限公司
经　　销：全国新华书店
开　　本：148mm×210mm　　　　印　　张：5.75　　　　字　　数：182 千字
版　　次：2022 年 8 月第 1 版　　　　印　　次：2024 年 3 月第 2 次印刷
定　　价：49.80 元

产品编号：094305-01

译 者 序

随着智能硬件的发展，越来越多的人希望了解并使用树莓派这样的微型计算机。树莓派是一个只有信用卡大小的裸露电路板，它也是一个运行开源 Linux 操作系统的完全可编程的个人计算机系统。树莓派的官方编程语言是 Python。本书主要介绍了树莓派 Python 语言的基本语法和编程方法。全书共分 13 章，主要内容包括硬件和软件的配置、Python 脚本编写、用户友好 GUI 的创建和外部电子设备的控制，并详细展示了两个完整项目：数字时钟原型和功能齐全的树莓派机器人。

通过阅读本书，你将学会配置树莓派，编写并调试 Python 程序；学会使用 Python 的字符串、列表、函数和字典，以及模块、类、方法等；还可以使用 pygame 创建用户友好的游戏，使用 guizero 构建直观的用户界面，使用 gpiozero 库与硬件连接，通过 GPIO 端口连接外部电子设备。本书内容详尽，实例丰富，不仅适合软硬件开发人员、高校学生、Python 爱好者、树莓派爱好者学习，也适合作为从事树莓派编程相关实践的人员参考。

本书汇集了在树莓派上使用 Python 开发硬件和软件的大量示例及源代码，每个示例均由一线工程师精心挑选，具有很强的实用性，相信这些示例能为开发者提供解决方案的极佳参考。我们非常高兴地看到，本书的出版很好地满足了图书市场对类似书籍的需求，也为关心这一领域的读者、致力于树莓派课程的教师，以及学习相关课程的学生提供了一种选择。

本书的翻译工作由张小明和任海英共同完成。第 1、2、8、9、10、11 章由任海英翻译，其余章由张小明翻译，最后由张小明统一修改定稿。本书的每章译稿都至少经过两个人多遍阅读和修改。由于译者水平有限，加之时间仓促，错误和疏漏在所难免，恳请读者批评指正。

张小明

2022 年 3 月

作 者 简 介

    Simon Monk 博士拥有控制论和计算机科学学士学位以及软件工程博士学位。他现在是一名全职作家，出版过许多图书，包括 *Programming Arduino*、*30 Arduino Projects for the Evil Genius*、*Hacking Electronics* 和 *Raspberry Pi Cookbook*。Monk 博士还为 MonkMakes.com 设计产品。你可以在 Twitter 上关注他(@simonmonk2)。

序　言

树莓派™(Raspberry Pi™)正在迅速成为一种世界性的现象。人们逐渐发现，一台35美元的电脑是有可能实现的，它可以在各种装置中使用，从台式工作站到媒体中心，再到家庭自动化系统的控制器。

本书用简单的术语向非程序员和不熟悉树莓派的程序员解释了如何使用流行的Python编程语言为树莓派编写程序。另外，书中还介绍了有关使用pygame模块创建图形用户界面和简单游戏的基础知识。

书中使用的软件是Python 3和Mu编辑器。全书使用了树莓派基金会推荐的树莓派OS发行版。

本书首先介绍树莓派，包括如何购买必要的配件和如何进行配置。然后，接下来的几章介绍了如何进行编程。本书通过应用程序示例来解释一些编程概念，这些应用程序可以帮助你快速学习如何编写树莓派程序。

书中有4章内容专门介绍如何编程和使用树莓派的GPIO连接器。该连接器允许将设备连接到外部电子设备。这些章节中引入了三个示例项目：一个LED照明控制器、一个LED时钟和一个由树莓派控制的机器人，该机器人还配备了一个超声波测距仪。

本书主要内容：

- Python数字、变量和一些基本概念
- 字符串、列表、字典和其他Python数据结构
- 模块和面向对象
- 文件和互联网
- 使用guizero的图形用户界面
- 使用pygame进行游戏编程
- 通过GPIO连接器与硬件连接

● 硬件项目示例

书中的所有代码清单都可以从 GitHub 上的本书存储库中下载,网址为 https://github.com/simonmonk/prog_pi_ed3,其中也包含与本书相关的其他有用资源,包括勘误表等。另外,也可以扫描本书封底的二维码下载所有相关资源。

Simon Monk

致　　谢

首先，我要特别感谢 Linda 对我的耐心支持。

在 TAB/McGraw Hill，我要感谢我的编辑 Lara Zoble，还要感谢 MPS 有限公司的 Jyoti Shaw。值得一提的是，同这样一个伟大的团队一起工作是一种乐趣。

前　言

自从第一个树莓派™型号 B 的修订版 1 于 2012 年发布以来，树莓派的原始硬件已经进行了多次升级。树莓派 4 增加了树莓派的处理能力和内存，树莓派 Zero 提供了一种非常低成本的选择，而树莓派 400 实际上内置在键盘中。虽然这些新版本的树莓派在很大程度上与原始设备兼容，但是硬件和标准的树莓派 OS 发行版都发生了一些变化，因此本书内容也进行了升级，以反映这些新变化。

特别是，我已经将所有用户界面代码从 Tkinter 更改为更易用的 guizero，并且还把使用 RPi.GPIO 的代码示例更改为使用 gpiozero。

本书的大部分内容都是有关 Python 方面的，Python 是树莓派最常用的编程语言，这种情况至今都保持不变。然而，第 7 章已经重写为使用 guizero，第 9~11 章主要介绍硬件知识，它们已经更新为使用 gpiozero 库。

尽管在写本书时，树莓派的当前型号是树莓派 4，但为了简单起见，我将使用树莓派一词来指代树莓派的所有型号，除非某些特殊情况下需要区分。

树莓派 Zero

目　　录

第1章
引　言

2012 年 2 月底，树莓派™(Raspberry Pi™)开始在市面上全面销售，巨大的订单量使当时接受订单的供应商网站崩溃。

从那时起，已经发布的树莓派 4(Raspberry Pi 4)的一些新型号也达到了顶峰(在撰写本文时)。那么，这个小型的设备有什么特别之处？为什么它会引起人们极大的兴趣？

1.1　树莓派概述

如图 1-1 所示，树莓派 4 其实是一台运行 Linux 操作系统的计算机。它具有 USB 接口，你可以将键盘和鼠标接入其中。它有不少于两个的 HDMI(High-Definition Multimedia Interface，高清多媒体接口)的视频输出，可用于连接电视或显示器。许多显示器只有一个 VGA 接口，树莓派无法使用。但是，如果你的显示器具有 DVI 接口，那么可以使用便宜的 HDMI 转 DVI 的适配器。

当你启动树莓派时，将获得图 1-2 所示的 Linux 桌面。这是一台真正适用的计算机，它能够运行 Office 套件，具有视频播放和游戏等功能。该系统不是微软的 Windows，而是 Windows 的开源对手——Linux(Debian Linux)。该系统的桌面环境称为 Pixel。

它的体积非常小(一张信用卡的大小)，而且非常便宜(起价只有 30 美元)。

成本低的部分原因在于某些组件未包含在电路板中，或者可选的附加组件不包括在内。例如，不用为了保护它而将其装在箱子里，它只是一块裸板。它也没有配备电源，因此你需要自己配备一个 5V 的 USB-C 电源，就像给手机充电一样(建议使用能够提供 2A 和 3A 电流的电源)。注意，以前型号的树莓派使用micro-USB 接口供电，而不是 USB-C，它们也只需要较少的电流。

图 1-1　树莓派 4

图 1-2　树莓派的 Pixel 桌面

1.2 树莓派的作用

任何在 Linux 桌面计算机上能做的事，在树莓派上都可以做，只是存在一些限制。树莓派使用 micro-SD 卡代替硬盘。虽然你可以插入 USB 硬盘，但是较旧的树莓派型号 A 和 B 则使用 SD 内存卡大卡。你可以在树莓派上编辑 Office 文档、浏览 Internet 和玩游戏(甚至是图形密集的游戏，如 *Quake*)。

1.3 树莓派之旅

图 1-3 标记了树莓派的各部分。该图示意了树莓派 4 的组成结构。

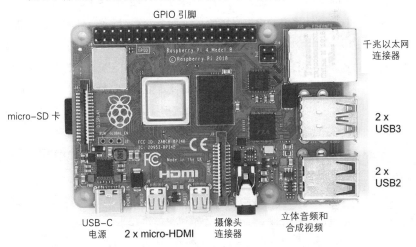

图 1-3 树莓派 4 的结构示意

图中右上角所示为 RJ-45 以太网连接器。如果你家里的集线器很方便，就可以将树莓派直接插入本地网络。甚至树莓派 4 或更早的型号，如树莓派 3，都内置了 Wi-Fi，这通常是一种更为便利的连接网络和 Internet 的方式。

在以太网插座的正下方，你会发现两对 USB 插座。可通过它将键盘、鼠标或外部硬盘插入电路板。

在图的中下部，你会发现一个音频插座，它为耳机或有源扬声器提供立体声模拟信号。该插座还提供复合视频信号。HDMI 接口也具有声音功能。

不过，你不太可能使用 audio/AV 插座连接器的复合视频功能，除非将树莓派用于旧款电视。你更可能使用其中一个 HDMI 接口。HDMI 具有更高品质，包括声音，并且可以通过便宜的适配器连接到配备 DVI 的显示器上。

在树莓派的顶部有两排引脚。这些引脚称为 GPIO(General Purpose Input/Output，通用的输入/输出)引脚，它们允许将树莓派连接到定制的电子设备。使用 Arduino 和其他微控制器板的用户可能习惯于用 GPIO 引脚这种概念。稍后，在第 12 章，我们将介绍如何使用这些引脚，通过控制电机，使树莓派成为一个小型漫游机器人的"大脑"。在第 11 章，我们将使用树莓派来制作一个 LED 时钟。

树莓派 2 的电路板下面还有一个 micro-SD 卡插槽。此 SD 卡的大小必须至少为 8GB。它包含计算机的操作系统和文件系统，你可以在文件系统中存储和创建任何文档，因此最好使用比最小值更大的 SD 卡。32GB 是个不错的容量选择。购买树莓派时，SD 卡是可选的附加卡。准备自己的 SD 卡需要进行很多的配置，而 SK Pang、Farnell 和 RS Components 等供应商都有配置好的 micro-SD 卡销售。因为你的树莓派没有内置磁盘，这张卡实际上就是你的计算机，可以把它取出来放在不同的树莓派中，而且存储在卡上的数据仍保留不变。

micro-SD 卡的下方是 USB-C(相当于老款树莓派的 micro-USB)插座。它用于为树莓派供电。因此，你需要一个底部带有 USB-C 的电源。它与许多手机(包括大多数 Android 手机)使用的连接器类型相同。但是，你需要检查它是否能够提供至少 2.5A 的电流；否则，可能会导致树莓派不稳定。

对于那些关注技术规格的人来说，电路板中央的大方形芯片是执行所有处理操作的器件。这就是 Broadcom 的"片上系统"(System on a Chip，SoC)，包括 1GB、4GB 或 8GB(取决于你的树莓派 4)内存以及驱动树莓派 4 运行的图形和通用处理器。

你可能也注意到了树莓派 4 上的扁平电缆接头。最左侧的接头用于 LCD 显示屏，底部中间的接头用于特殊的树莓派摄像头模块。

1.4　树莓派配置

购买树莓派时,可以通过购买一张准备好的 micro-SD 卡和电源让事情变得简单,而且最好再购买一个 USB 键盘和鼠标(除非你家里有)。下面逐项检查你需要什么部件以及从何处获得它们来开始配置过程。

1.4.1　设备准备

表 1-1 展示了一个功能齐全的树莓派 4 的系统所需。树莓派本身通过两家总部位于英国的全球分销商销售:Farnell(以及相关的美国公司 Newark)和 RS Components,以及许多在线的电子爱好者公司,如 Adafruit 和 Sparkfun。

表 1-1　一个树莓派套件

部件	来源和零件编号	其他信息
USB 电源 美式插头	PiShop.us: 1660 Buyaoi.ca: 1660 Adafruit: 4298	5V 的 USB 电源。对于树莓派 4,建议使用 3A(15W)
USB 电源 英式插头	Pimoroni.co.uk: RPI040 cpc.farnell.com: SC15228	
键盘和鼠标	任一电脑商店	任何 USB 键盘都可以。带有 USB 适配器的无线键盘和鼠标也可以
带 HDMI 的电视/显示器	任一电脑/电器商店	
Micro-HDMI 转 HDMI 导线	任一电脑/电器商店	
micro-SD 卡(建议使用 Class 10 32GB)	任一电脑/电器商店	
以太网配线电缆*	任一电脑商店	
外盒*	任一树莓派经销商,也包括 Amazon 和 eBay	确保你订购的外盒与树莓派型号兼容。树莓派 4 不能使用树莓派 3 的外盒

*这些部件是可选的。

1. 电源

图 1-4 展示了一个典型的 USB 电源。

　　可以使用旧手机或类似设备的电源，只要它是 5V 且能够提供足够的电流。重要的是，不要使电源过载，因为电源可能发热并发生故障(甚至有火灾危险)。因此，电源应至少能提供 2.5A 的电流，但 3A 的电源不仅能为连接到 USB 端口的设备供电，还能给树莓派提供一些额外的电量。如果你有旧版本的树莓派2 或 3，则 1.5A 的微型 USB 电源适配器就够用了。

图1-4　USB 电源

　　如果仔细查看写在电源上的规格，你应能确定它当前的供电能力。有时，它的功率处理能力以瓦特(W)表示；如果是这样，应为 15W，相当于 3A。

2. 键盘和鼠标

　　树莓派几乎可与任何 USB 键盘和鼠标一起工作。你还可以使用大多数无线 USB 键盘和鼠标，它们自带的 dongle 可以插入 USB 端口。采用无线 USB 键盘和鼠标是很好的做法，尤其它们能配套使用时。这样，你便只使用了一个 USB 端口。在第 11 章中，当使用无线键盘控制基于树莓派的机器人时，这样做也会非常方便。如果你使用的是树莓派 Zero，那么还需要一个适用于全尺寸 USB 适配器的 USB OTG。

3. 显示器

　　一台廉价的、带有 HDMI 接口的 22 英寸液晶电视，就可以为树莓派提供完美的显示。事实上，你可能决定使用主流的家庭电视，这样在需要时将树莓派插入电视即可。

如果你的计算机显示器只有一个 VGA 接口，那么不借助一个昂贵的转换器盒将无法使用它。另一方面，如果你的显示器有 DVI 接口，那么使用一个便宜的适配器即可。

4. micro-SD 卡

你可以在树莓派中使用自己的 micro-SD 卡，但前提是使用 NOOBS(新的开箱即用软件)安装程序。这有点麻烦，所以你不妨多花一两美元，买一张已经安装好的即用的 micro-SD 卡。大多数出售树莓派的地方也会出售预装有 NOOBS 的现成的格式化 micro-SD 卡。

也可以在树莓派 Meeting UPS 上找到愿意帮助你准备 micro-SD 卡的人。互联网上也有出售成品卡的供应商，这些卡片上都装有 NOOBS。如果你确实想要"自己动手"准备 SD 卡，请参阅 www.raspberrypi.org/downloads 上的说明。

要准备自己的卡，你必须配有另一台带有 SD 卡读卡器的计算机。

5. 外盒

树莓派并没有任何形式的外壳。虽然这样做有助于压低价格，但也使其容易破损。因此，尽快购买一个外盒是个好主意。图 1-5 显示了目前可用的一些现成的外盒。

(a)　　　　　　　　(b)　　　　　　　　(c)

图 1-5　树莓派商业外盒

在你购买树莓派的任何地方都能找到一系列可供选择的外盒。有些外盒为树莓派 4 提供了一个集成风扇。这有助于你更好地利用树莓派，比如，将它作为一个媒体中心。

　　如果你有 3D 打印机，可访问 thingiverse.com，它提供了各种各样的树莓派外壳设计可供打印。

　　实际上，人们非常热衷于把各种旧容器(如老式计算机和游戏机)改造成树莓派外盒。甚至可以用乐高积木制作一个箱子。我的第一个树莓派外盒就是用装名片的塑料容器制作的，在上面开几个孔即成(见图 1-6)。

图 1-6　自制的树莓派外盒

1.4.2　连接所有部件

　　现在你已经拥有了所需的所有部件，把它们都插在一起，然后即可首次启动你的树莓派。图 1-7 展示了所有部件应如何连接。如果你的树莓派已经连接到 Internet，安装会更容易，可以使用内置的 Wi-Fi 或以太网电缆连接到 Home Hub。

　　插入带有 NOOBS 的 micro-SD 卡，将键盘、鼠标和显示器连接到树莓派，连接电源，就可以启动了。

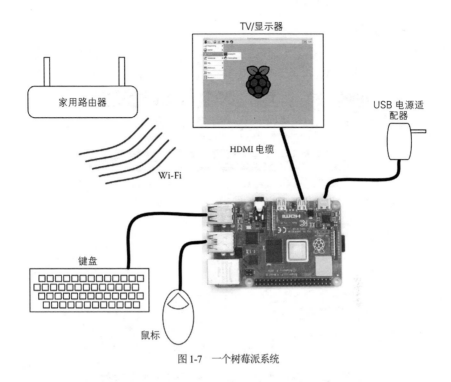

图 1-7 一个树莓派系统

1.5 启动

为确保安装程序能获得最新版本的树莓派 OS，安装过程中应将树莓派连接到网络。

当树莓派启动并引导至 NOOBS 安装程序时，你将看到一个操作系统列表(见图 1-8)。选中第一个选项(Raspberry Pi OS Full(32-bit) [RECOMMENDED])旁的复选框，然后单击 Install 按钮。

树莓派的 SD 卡设置程序会不时地被更新。有关这方面的最新信息，请参阅 https://www.raspberrypi.org/documentation/installation/。

在显示一个"SD 卡上的所有内容都将被擦除后"警告并得到确认后，安装即将开始。在此过程中，安装程序将显示有关安装进度的信息(见图 1-9)，这需要相当长的一段时间。

安装程序安装完树莓派 OS 后，会弹出一个警告，告诉你安装已完成，并询问你是否连接到 Wi-Fi 网络(见图 1-10)。

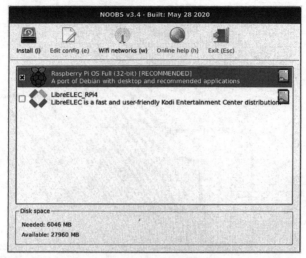

图 1-8　基于 NOOBS 选择要安装的操作系统

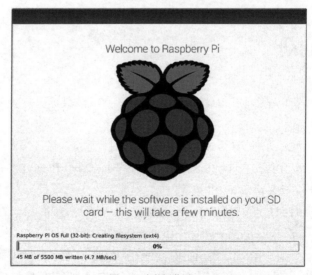

图 1-9　安装树莓派 OS

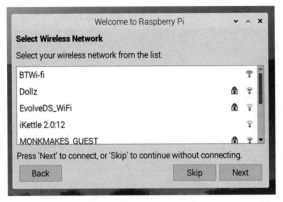

图 1-10　选择一个 Wi-Fi 网络

1.6　本章小结

现在，我们已经安装了树莓派 OS，可以开始使用它。接下来，我们将探索它的一些特性并学习 Linux 的基础知识。

第2章
树莓派开发基础

树莓派使用 Linux 发行版树莓派 OS 作为其操作系统。本章将介绍 Linux，并向你展示如何使用桌面和命令行。

2.1　Linux

Linux 是一个开源操作系统。这个系统曾经是作为一个社区项目来开发的，主要是为那些寻找微软 Windows 和苹果 OS X 这两个寡头系统的替代品的开发人员而编写。该操作系统功能齐全，基于早期计算机时代类似 UNIX 系统的概念而开发。Linux 拥有一大批忠实且乐于助人的追捧者，如今已发展成一个功能强大且使用方便的操作系统。

尽管该操作系统被称为 Linux，但它也产生了各种 Linux 发行版(或 distros)。它们都基于相同的操作系统核心，但包含不同的应用程序包或不同的窗口系统。虽然许多 distros 都是可用的，但树莓派基金会推荐的是一个被称为树莓派 OS 的操作系统。

如果你只习惯于特定风格的微软 Windows，那么使用新操作系统时，可能会遇到一些麻烦。Linux 的工作方式略有不同，它的任何东西几乎都是可以改变的。该系统是开放的，并且完全在你的控制之下。然而，正如《蜘蛛侠》中所表达的，强大的力量带来巨大的责任。也就是说，如果不小心，你可能会破坏你的操作系统。

2.2　桌面

　　在第 1 章的末尾，我们正式启动了树莓派，登录并开启了窗口系统。图 2-1 展示了树莓派桌面的外观。

图2-1　树莓派桌面

　　如果你是 Windows 或 Mac 计算机的用户，应不难理解"桌面是作为文件系统中的文件夹存在的"这一概念，它是你在计算机上执行一切操作的基础。

　　单击屏幕顶部栏上最左边的图标会显示树莓派中安装的一些应用程序和工具(与微软 Windows 中的"开始"菜单类似)。下面从文件管理器(File Manager)开始介绍，可以在附件(Accessories)下找到该管理器。

　　文件管理器就像 Windows 中的资源管理器或 Mac 上的查找器。它允许你浏览文件系统，复制和移动文件，以及启动可执行文件(应用程序)。

　　当启动文件管理器时，它会显示主目录的内容。你可能还记得，我们将登录名设定为 pi。主目录的根目录是/home/pi。注意，与苹果 OS X 一样，Linux 使用斜杠(/)字符分隔目录名的各部分。因此，/被称为根目录，/home/是包含其他目录的目录，每个用户一个目录。我们这里的树莓派只有一个用户(称为 pi)，所以这个目录只包含一个称为 pi 的目录。当前目录显示在顶部的地址栏中，你可以直接在地址栏中输入内容以更改正在查看的目录，也可以使用侧面的导航栏进行更改。目录/home/pi 的内容包括桌面和其他各种目录。

双击桌面会打开桌面目录，但这样还不够，因为它只包含桌面左侧项目的
快捷方式。如图 2-2 所示，如果打开 Bookshelf 文件夹，将看到其中只包含一个
有关树莓派初学者指南的文件。

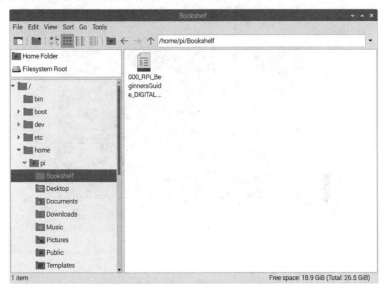

图 2-2   在文件管理器中显示 Bookshelf 文件夹的内容

我们不会经常使用主目录之外的任何文件系统。你应该将所有文档、音乐
文件等保存在主文件夹或外部 USB 闪存驱动器的目录中。

2.3 命令行

如果你是 Windows 或苹果 OS X 的用户，那么可能从未使用过命令行。但
如果你是 Linux 用户，那么几乎肯定使用过命令行。事实上，如果你是一个 Linux
用户，那么可以跳过这一章，因为这对你来说太简单了。

尽管我们完全可以通过图形界面使用 Linux 系统，但实际中还是经常要在
命令行中输入命令。这样做主要是为了安装新的应用程序和配置树莓派。

要打开终端窗口，请单击屏幕顶部的终端图标(看起来像是一个带有空白屏幕的监视器)，可以看到图 2-3 所示的终端命令行界面。

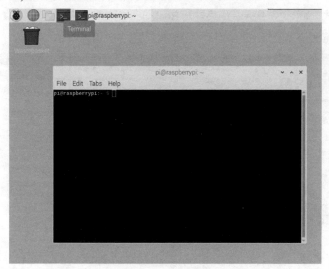

图2-3   终端命令行界面

2.3.1   使用终端进行导航

在使用命令行时，你会发现自己经常使用三个命令。第一个命令是 pwd，它是 print working directory 的缩写，用以显示当前所在的目录。因此，在终端窗口中的$符号后，输入 pwd 并按回车键后，会展示图 2-4 所示的界面。

正如你所见，我们目前在/home/pi 中。下面我们约定，要输入的任何内容都以$符号为前缀给出，而不再提供所输入内容的屏幕截图，如下所示:

```
$ pwd
```

在此，你会发现任何响应前面都没有$。因此，运行 pwd 命令的整个过程如下所示:

```
$ pwd
/home/pi
```

图2-4　pwd 命令

我们将要讨论的下一个常用命令是 ls，它是 list 的缩写，用于显示工作目录中的文件和目录列表。操作如下：

```
$ ls
Bookshelf  Documents  Music     Public     Videos
Desktop    Downloads  Pictures  Templates
```

该操作结果表明，/home/pi 目录下包含的文件夹与我们在图 2-2 中使用文件管理器所看到的相同。

我们要介绍的最后一个导航命令是 cd(它是 change directory 的缩写)。此命令更改当前的工作目录。它可以相对于旧的工作目录或完全不同的目录的位置来更改当前目录，如果你想定义完整的目录，那么以/符号开始。因此，以下命令将当前工作目录更改为/home/pi/Desktop：

```
$ pwd
/home/pi
$ cd Desktop
```

可输入以下命令来执行相同的操作：

```
$ cd /home/pi/Desktop
```

注意，在输入目录或文件名时，不必输入所有内容。在输入名称的一部分内容后，可以按下 Tab 键。如果文件名在此处是唯一的，它将自动为你补全文件名称。

2.3.2　sudo

常用的另一个命令是 sudo(即 substitute-user do)。它将运行你在后面输入的任何命令，就像你是超级用户一样。你可能想知道，作为这台计算机的唯一用户，你为什么不会自动成为超级用户。答案是，默认情况下，你的常规用户账户(用户名为 pi，密码为 raspberry)不具备某些重要权限，例如，允许你转到操作系统的某些重要部分并删除文件。相反，要实现这些操作，必须在这些命令前面加上 sudo。这只是预防事故发生的保护措施。

对于到目前为止讨论过的命令，不需要在它们前面加 sudo。但出于兴趣，也可以输入以下内容：

```
$ sudo ls
```

该命令的工作方式与 ls 相同，执行结果就是你仍处于原来的工作目录中。

2.4　应用程序

通过单击屏幕左上角的 Raspberry 图标并查看各个子菜单，可以查看与树莓派 OS 一起安装的应用程序。例如，图 2-5 显示了 Office 目录中的应用程序。在这里可以看到，你拥有类似于 Microsoft Word、Excel 和 PowerPoint 的文字处理器、电子表格及演示软件。

注意，你的菜单可能与图 2-5 所示的有所不同，因为这些内容在树莓派 OS 不同版本之间经常会发生变化。

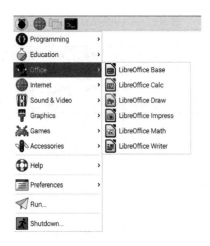

图 2-5 Office 应用程序

其他值得注意的程序包括:

- Programming 子菜单中的 Mu
- Internet 中的 Chromium Web 浏览器
- Games 中的一部分游戏
- Preferences 内的树莓派配置

2.5 Internet 资源

除了用树莓派编程,你现在还拥有了一台可以正常工作的计算机,你可能很想去深入研究它。为了帮助你做到这一点,有很多有用的网站为你提供了许多建议和推荐内容,可让你的树莓派发挥最大的作用。

表 2-1 列出了与树莓派有关的一些非常有用的站点。当然,你的搜索引擎可能会展示更多的信息。

表 2-1   有关树莓派的互联网资源

站点	描述
www.raspberrypi.org	树莓派基金会的主页。可以查看它的论坛和常见问题解答部分
www.raspberrypi-spy.co.uk	一个博客站点，提供了有用的操作说明
http://elinux.org/RaspberryPiBoard	主要的树莓派维基百科页面。提供了有关树莓派的大量信息，特别是包含一个非常有用的已验证外围设备列表

2.6   本章小结

我们已经准备好了一切，可以开始开发树莓派了。接下来将开始介绍如何使用 Python 进行编程。

第**3**章
Python 基础

现在，我们可以开始为树莓派创建一些自己的程序了。我们将要使用的语言为 Python。该语言的最大优势在于易于学习，且功能也很强大，我们可以用它创建一些有趣的程序，包括一些简单的游戏和基于图形的程序。

与生活中的大多数事情一样，在跑步之前必须先学会走路，因此我们将从 Python 语言的基础知识开始学习。

众所周知，编程语言是用来编写计算机程序的语言。但我们为什么要使用一种特殊的语言呢？为什么不能使用人类的语言呢？计算机是如何运行用这种语言编写的程序呢？

我们不使用英语或其他人类语言的原因在于人类的语言含糊不清。计算机语言虽然也使用英语单词和符号，但它是一种结构化的语言。

3.1　Mu

学习一门新语言的最佳方法是立即动手使用它。因此，我们首先介绍一个可以帮助编写 Python 的程序。这个程序叫作 Mu，你可以在 Menu 的 Programming 部分找到它。可以发现，Mu 会询问我们要使用它做什么。这里我们选择选项 Python 3。图 3-1 显示了首次启动 Mu 时会看到的内容。

图 3-1   首次启动 Mu

3.1.1   Python 的版本

Python 3 是对 Python 2 的一个重大改变。本书基于 Python 3，但随着对 Python 的深入了解，你可能会发现我们想要使用的一些模块并不适用于 Python 3，可能需要恢复到 Python 2。

3.1.2   Python Shell

在学习 Python 时，以交互方式输入 Python 命令来查看它们的功能是非常有用的。要进行此操作，请单击 Mu 窗口顶部的 REPL 图标，该窗口将会被拆分(见图 3-2)，然后在屏幕底部出现一个区域，你可以在其中输入命令。此区域称为 REPL for Read-Evaluate-Print-Loop。

与 Linux 命令提示符类似，你可以在提示符后输入命令(在本例中为 In [1])，

Python 控制台将在下面的行中显示它所做的工作。

　　算术运算是所有编程语言都要进行的操作，Python 也不例外。因此，如图 3-2 所示，在 Python Shell 中的提示符后输入 2+2，你可以在下面的行中看到结果(4)。

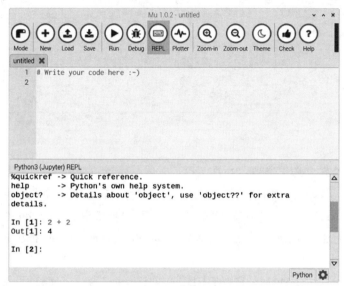

图 3-2　REPL 中的算术运算

3.1.3　编辑器

　　REPL 是一个很好的实验场所，但它并不适合用来编写程序。Python 程序一般都保存在文件中，因此不必重新输入它们。一个文件可能包含一长串编程语言命令，当你想要运行所有命令时，实际要做的就是运行该文件。

　　Mu 顶部的菜单栏允许我们创建一个新文件，但实际并不需要这样做，因为 Mu 已经为我们提供了一个可以使用的新文件。请注意，目前在文件编辑器区域中有一段文本显示："# Write your code here :-)"。这只是提醒我们代码应该放在这个地方。你现在可以删除这段文本内容。

　　再次单击 REPL 图标，关闭窗口的 REPL 区域，然后在 Mu 编辑器窗口中输入如下两行代码(见图 3-3)：

```
print('Hello')
print('World')
```

图 3-3   Mu 编辑器

你会发现编辑器没有"In [1]"提示符。这是因为在此编写的代码不会立即执行。相反，它仅存储在一个文件中，直到我们决定运行它。如果需要，可以使用 nano 或其他文本编辑器来编写文件，但是 Mu 编辑器与 Python 的集成非常好。它还具有 Python 语言的一些知识，因此可以在输入程序时把它作为内存辅助工具。

第一次运行 Mu 时，它会在主目录中创建一个名为 mu_code 的目录。我们编写的 Python 程序就保存在该目录下。要保存 Python 程序，可以单击 Mu 中的 Save 按钮。这一操作将打开一个对话框(见图 3-4)，在该对话框中可以对程序进行命名(hello.py)并选择保存它的位置。我们在文件名字段中输入 hello.py，然后单击 Save 按钮。

现在我们已经保存了它，要运行该程序以查看它的功能，单击 Run 按钮。程序运行结果将显示在窗口底部(见图 3-5)。该程序将打印两个单词：Hello 和 World，每个单词都独自显示一行，这是一个很普通的程序。

你在 REPL 中输入的内容不会保存下来。因此，如果你退出 Mu，然后重新启动它，那么在 REPL 中输入的内容都会丢失。但是，因为我们保存了编辑器文件(hello.py)，所以可以通过单击 Load 按钮随时加载该程序。

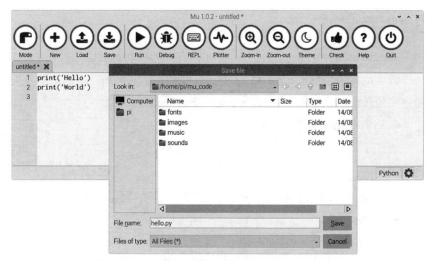

图 3-4 保存 hello.py 程序

图 3-5 运行程序

如图 3-5 所示，分两行打印出 Hello 和 World 单词后，接着会显示一个>>>
提示。这种处理称为 Python Shell，它是 REPL 的另一个版本。因此，你可以在
这里输入 Python 命令，正如我们前面输入的 "2+2"。

注意：为了避免本书包含过多的屏幕截图，从现在开始，如果我想让你在
REPL 或 Python Shell 中输入一些内容，就在它前面加上>>>。而程序结果将显
示在它下面的行中。

3.2   数字

数字是编程的基础，而算术运算是计算机非常擅长的事情之一。我们将从数字实验开始介绍，最好的实验场所是 Python Shell。

在 Python Shell 中输入以下内容：

```
>>> 20 * 9 / 5 + 32
68.0
```

这个程序并没有超出我们之前尝试过的 2+2 示例。然而，这个例子表明：

- *表示乘法。
- /表示除法。
- Python 先运算乘法后运算除法，而除法先于加法运算。

如果愿意，可以按如下方法添加一些括号来确保是按正确的顺序进行运算：

```
>>> (20 * 9 / 5) + 32
68.0
```

这里的数字都是整数(程序员称之为 integer)。还可以使用小数，在编程中，这类数字被称为浮点数(float)，它是 floating point 的缩写。

3.3   变量

下面继续讨论数字这个主题，研究一下变量。可以将变量视为具有值的对象。这类似代数中用字母表示数字。首先，输入以下内容：

```
>>> k = 9.0 / 5.0
```

等号可以为变量赋值。变量必须位于左侧，并且必须是一个单词(无空格)；但是，它可以为任意长度，还可以包含数字和下画线(_)。此外，字符采用大小写均可。这些都是变量命名的一些规则，另外还有一些约定。不同之处在于，如果你违反了规则，Python 会发出警告；而如果你违反了约定，会给其他程序员带来不便。

　　变量命名的约定是，它们应该以小写字母开头，并且应该在英语单词之间使用下画线(如 number_of_chickens)。表 3-1 中的一些示例可以让你了解什么是合法的变量，什么是遵守约定的变量。

表 3-1　变量命名

变量名	是否合法	是否遵守约定
X	是	是
X	是	否
number_of_chickens	是	是
number of chickens	否	否
numberOfChickens	是	否
NumberOfChickens	是	否
2beOrNot2b	否	否
toBeOrNot2b	是	否

　　许多其他编程语言对变量命名有不同的约定，称为 bumpy-case 或 camel-case，该约定通过将每个单词(第一个除外)的首字母进行大写(如 numberOfChickens)来分隔单词。有时你会在 Python 示例代码中看到这一点。总而言之，如果代码只是供你自己使用，那么变量的编写方式并不重要，但如果你的代码要被其他人阅读，那么最好遵守约定。

　　通过遵守变量命名约定，其他 Python 程序员就会很容易理解你的程序。

　　如果你做了 Python 不喜欢或不理解的事，将收到一条错误消息。如输入以下内容：

```
>>> 2beOrNot2b = 1
SyntaxError: invalid syntax
```

这是一个错误，因为你试图定义一个以数字开头的变量，这样是不允许的。

　　在前文，我们已给变量 k 赋值。在此，只输入 k 就可以看到它的值，如以下代码所示：

```
>>> k
1.8
```

Python 记住了 k 的值，所以我们现在可以在其他表达式中使用它。回到原始表达式，我们可以输入以下内容：

```
>>> 20 * k + 32
68.0
```

3.4 for 循环

算术运算本身很完整，但它还不是一个真正的程序。因此，本节将学习循环(loop)，该操作能让 Python 执行一个任务多次，而不是只执行一次。下面的示例输入了多行 Python 代码。当你按下回车键并转到第二行时，就会发现 Python 正在等待。它没有立即运行你输入的内容，因为它知道任务尚未完成。行尾的 ":" 字符表示还有更多的事情要做。

这些额外的任务都必须以 "缩进" 行显示。要使这两行程序真正地运行，请在输入第二行后按回车键两次。

```
>>> for x in range(1, 10):
        print(x)

1
2
3
4
5
6
7
8
9
>>>
```

此程序已打印出 1~9 范围内的数字，而不是介于 1~10 范围内的数字。range 命令有一个内包含端点(一般包含最左边数字，不包含最右边数字)，即它不包含取值范围中的最后一个数字，但是它包含第一个数字。

如下所示，你只需要设置程序的范围数，并要求它以列表形式显示其中的值，即可发现该规律：

```
>>> list(range(1, 10))
[1, 2, 3, 4, 5, 6, 7, 8, 9]
```

这里的一些标点符号需要解释一下。括号用于包含所谓的参数(parameter)。在本例中，range 有两个参数：起始值(1)和结束值(10)，两者以逗号分隔。

for in 命令由两部分组成。在单词 for 之后必须有一个变量名。在每次循环中，此变量都将被赋予一个新值。因此，第一次循环的值为 1，下一次的值为 2，以此类推。在单词 in 之后，Python 希望看到一个项目列表。在本例中，它是一个 1 和 9 范围内的数字列表。

print 命令还接受一个可在 Python Shell 中输出的参数。每次循环时，都会打印出 x 的下一个值。

3.5 模拟骰子

这一节，我们基于刚学习的循环结构来编写一个模拟掷骰子 10 次的程序。

要实现该程序，你需要知道如何生成一个随机数。首先研究一下如何做到这一点。如果你手中没有这本书，那么想要知道生成随机数的方法不妨在搜索引擎中输入 random numbers python 关键字，然后查找要在 Python Shell 中输入的代码片段。本书这里给出要输入的命令：

```
>>> import random
>>> random.randint(1,6)
2
```

试着输入第二行几次，你会发现得到的是不同的随机数，这些数都介于 1 和 6 之间。顺便说一下，你可以通过按下键盘上的向上箭头来避免重复输入以前输入过的命令。该操作将依次调用以前的命令。当出现你想执行的命令时按下回车键即可。

命令的第一行会导入一个库，它告诉 Python 如何生成数字。在本书后面的章节中，你将学到更多关于库的内容，但现在你仅需要知道，在开始使用 randint

命令之前，我们必须导入这个库，然后通过 randint 命令会输出一个随机数。

注意： 我们可以在这里非常自由地使用命令(command)这个词。严格地说，诸如 randint 之类的项实际上是函数，而不是命令，我们稍后将讨论这一点。

现在你就可以生成一个随机数了，并把随机数与循环结构结合起来，一次打印 10 个随机数。这些内容并不适合在 Python Shell 中输入，因此我们将使用 Mu 编辑器。

你可以手动输入本文中的示例，也可以从本书的网页 simonmonk.org/prog-pi-ed3 上下载并使用本书的所有 Python 示例。每个编程示例都有一个编号。因此，这个程序包含在文件 3_1_dice.py 中，可以将该文件加载到 Mu 编辑器中。

安装这个示例程序

如果要将本书的所有示例程序都复制到树莓派上，首先要确保它已连接到 Internet，然后运行以下命令：

```
$ cd /home/pi/mu_code
$ git clone https://github.com/simonmonk/prog_pi_ed3.git
$ cd prog_pi_ed3
```

要查看本书中的程序和其他所需文件的完整列表，请使用 ls 命令列出目录的内容。

在这个阶段，通过手动输入示例来帮助理解概念是非常有意义的。打开一个新的 Mu 编辑器选项卡(单击 New 按钮)，在其中输入以下内容，然后保存你的工作：

```
#3_1_dice
import random
for x in range(1, 11):
    random_number = random.randint(1, 6)
    print(random_number)
```

第一行以字符"#"开头。这表明这一整行根本就不是程序代码，而只是提供给程序查看者的注释。这样的注释提供了一种非常有用的方法，可以将有关程序的额外信息添加到程序文件中，而不会干扰程序的正常运行。换言之，

Python 将忽略以"#"开头的任何行。

现在，以文件名 3_1_dice.py 保存该文件，然后单击 Run 按钮。程序的运行结果应该如图 3-6 所示，你可以在编辑器窗口的下方看到输出结果。

如果你是按照说明安装本书配套的示例代码，可通过单击 Load 来打开这些示例程序，然后打开 prog_pi_ed3 文件夹(见图 3-7)，可以在这个文件夹中找到本书的所有示例程序。

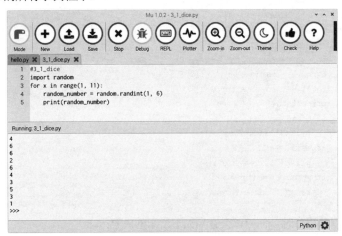

图 3-6　模拟骰子

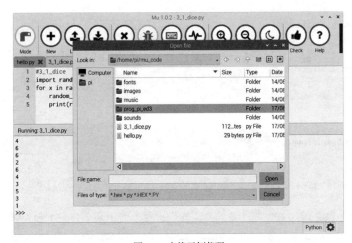

图 3-7　查找示例代码

3.6 if

现在是时候增加骰子程序的趣味性了，在这里我们可以抛出两个骰子，如果总共得到 7 点或 11 点，或者是两次的骰子数相同，那么在骰子抛出后程序将打印一条消息。请在 Mu 中输入或加载以下程序：

```
#3_2_double_dice
import random
for x in range(1, 11):
    throw_1 = random.randint(1, 6)
    throw_2 = random.randint(1, 6)
    total = throw_1 + throw_2
    print(total)
    if total == 7:
        print('Seven Thrown!')
    if total == 11:
        print('Eleven Thrown!')
    if throw_1 == throw_2:
        print('Double Thrown!')
```

运行此程序时，你应该会看到如下所示的内容：

```
6
7
Seven Thrown!
9
8
Double Thrown!
4
4
8
10
Double Thrown!
8
8
Double Thrown!
```

关于这个程序首先要注意的是，我们现在生成了两个介于 1 和 6 之间的随机数。每个随机数对应于一个骰子。程序创建了一个新变量 total，它表示两次骰子抛出的总和。

接下来需要学习的是if命令。if命令后面紧跟着一个条件(在第一种情况下，total==7)。然后有一个冒号(：)，只有当条件为 true 时，Python 才会执行后续的行。乍一看，你可能会认为条件中存在错误，因为它使用的是"=="而不是"="。注意，当需要比较两项以查看它们是否相等时使用"=="，而在为变量赋值时使用"="。

第二个 if 并非嵌套其中的，因此无论第一个 if 是否为 true，都将执行它。第二个 if 与第一个 if 相同，只是条件为总数等于 11 点。最后一个 if 有点不同，因为它比较了两个变量(throw_1 和 throw_2)，看它们是否相同，这一行用来判断是否抛出了一个相同的骰子。

现在，当你再去玩 *Monopoly* 游戏时，若发现骰子不见了，就知道该怎么做了：只需要启动树莓派并编写一个这样的小程序。

3.6.1　比较运算

为了测试两个值是否相同，我们使用符号"=="，该符号称为比较运算符。可用的比较运算符如表 3-2 所示。

表3-2　比较运算符

比较	说明	示例
==	等于	total == 11
!=	不等于	total != 11
>	大于	total > 10
<	小于	total < 3
>=	大于或等于	total >= 11
<=	小于或等于	total <= 2

你可以在 Python Shell 中使用这些比较运算符来进行一些实验。下面是一个示例：

```
>>> 10 > 9
True
```

在本例中，我们简单地让 Python 判断"10 是否大于 9？"Python 回答"是的"。现在让我们询问 Python 10 是否小于 9：

```
>>> 10 < 9
False
```

3.6.2　合乎逻辑

当然，逻辑不能混乱。当 Python 告诉我们 True 或 False 时，它不仅仅是向我们显示一条消息，True 和 False 是被称为逻辑值的两个特殊值。当 Python 在判断是否执行下一行代码时，我们在 if 语句中使用的任何条件都被转换为逻辑值。

这些逻辑值可以像执行加号和减号之类的算术运算一样组合使用。但是添加 "True+True" 没有意义，输入 "True and True" 却有意义。

例如，如果想在每次掷骰子的总点数在 5 和 9 之间时显示一条消息，可以编写如下代码：

```
if total >= 5 and total <= 9:
    print('not bad')
```

和 and 一样，还可以使用 or。也可以使用 not 将 True 转换为 False，反之亦然，如下所示：

```
>>> not True
False
```

因此，上述表达的另一种方式如下所示：

```
if not (total < 5 or total > 9):
    print('not bad')
```

练习

请尝试将前面的测试合并到骰子程序中。在编写该程序时，需要再添加两条 if 语句：一条在掷骰数超过 10 时打印 "Good Throw！"，另一条在掷骰数小于 4 时显示 "Unlucky！"。试着自行编写这个程序。如果遇到问题，可以查看文件 03_03_double_dice_solution.py 中的解决方案。

3.6.3 else

在前面的示例中，你会看到一些条件的后面可能会抛出多条消息。如果条件为真，则任何 if 行都可以打印额外的消息。有时，你需要一种稍微不同的逻辑类型。也就是说，如果条件为真，你将做一件事；否则，将做另一件事。在 Python 中，可以使用 else 完成这个任务：

```
>>> a = 7
>>> if a > 7:
    print('a is big')
else:
    print('a is small')
a is small
>>>
```

在本示例中，仅会打印两条消息中的一条。

另一个变体是 elif，它是 else if 的缩写。因此，我们可以扩展前面的示例，这样就有三个互斥的子句，如下所示：

```
>>> a = 7
>>> if a > 9:
    print('a is very big')
elif a > 7:
    print('a is fairly big')
else:
    print('a is small')

a is small
>>>
```

3.7 while

另一个循环命令是 while，它的工作原理与 for 稍有不同。while 命令看起来有点类似于 if 命令，因为它后面紧跟着一个条件。在 while 循环中，条件是在循环体中。换言之，循环中的代码将一直执行，直到条件不再为真。这意味着你必须小心，以确保条件在某一点不成立；否则，循环将永远继续下去，你的程序将显示为挂起。

为了说明 while 的用法，我们对骰子程序进行了一些修改，使其一直滚动，直到骰子数连着出现两次 6：

```
#3_4_double_dice_while
import random
throw_1 = random.randint(1, 6)
throw_2 = random.randint(1, 6)
while not (throw_1 == 6 and throw_2 == 6):
    total = throw_1 + throw_2
    print(total)
    throw_1 = random.randint(1, 6)
    throw_2 = random.randint(1, 6)
print('Double Six thrown!')
```

这个程序是有效的，你可以试试看。然而，它比原来的程序要复杂一点。我们必须重复以下代码行两次：一次在循环开始前，另一次在循环内部：

```
throw_1 = random.randint(1, 6)
throw_2 = random.randint(1, 6)
```

编程中一个众所周知的原则是 DRY(Don't Repeat Yourself)。虽然这在小程序中不是一个问题，但是随着程序变得越来越复杂，就要避免在多个地方使用相同的代码，否则程序会变得难以维护。

可以使用 break 命令来缩短代码并使其变得更简明。当 Python 遇到 break 命令时，它会中断循环。我们重新编写该程序，这次使用 break：

```
#3_5_double_dice_while_break
import random
while True:
    throw_1 = random.randint(1, 6)
    throw_2 = random.randint(1, 6)
    total = throw_1 + throw_2
    print(total)
    if throw_1 == 6 and throw_2 == 6:
        break
print('Double Six thrown!')
```

这样一来，循环中的条件永久地被设置为 True。循环不断进行，直到它被打破，本例中仅当投掷的骰子数两次为 6 时跳出循环。

3.8 终端的 Python Shell

运行 Python Shell 的另一种方法是使用终端。为此，请输入以下命令：

```
$ python3
```

请注意，如果你只是使用命令 python 而不是 python3，那么启动的 Shell 将用于 Python 2 而不是 Python 3，并且本书中的一些示例将不能运行。

输入命令 python3 后，终端将显示 Python 提示符>>>，供你输入 Python 命令(见图 3-8)。

图 3-8   终端中的 Python

还可以使用命令 python3，后跟要运行的程序的名称，以从终端运行 Python 程序。可以输入以下命令来实现此操作：

```
$ cd /home/pi/mu_code/
$ python3 hello.py
```

3.9   本章小结

现在，你应该学会了在 Python Shell 中使用 Mu 和编写程序。强烈建议你修改本章中的一些示例，修改其中的代码，看看这会如何影响程序的功能。

在第 4 章，我们不再介绍数字类型的数据，而将介绍可以在 Python 中使用的其他类型的数据。

第**4**章
字符串、列表和字典

本章的标题原本可以增加"函数"一词，但显然这个标题已经够长了。在本章中，首先将探索并使用各种方法来表示数据，并在 Python 中为程序添加一些结构。然后，把学到的所有知识都应用到一个简单的 *Hangman* 游戏中。在这个游戏中，你必须通过询问单词是否包含特定的字母来猜测随机选择的单词。

本章结尾给出了参考内容，该部分将告诉你有关数学、字符串、列表和字典中一些有用的内置函数的信息。

4.1 字符串理论

在编程中，字符串(string)是程序中使用的字符序列。在 Python 中，要生成包含字符串的变量，只需要使用普通的"="运算符进行赋值。不同于为变量赋一个数字值，字符串赋值是通过将该值括在单引号中来赋给变量，如下所示：

```
>>> book_name = 'Programming Raspberry Pi'
```

如果要查看变量的内容，可以在 Python Shell 中输入变量名，也可以使用 print 命令，就像处理数字类型的变量一样：

```
>>> book_name
'Programming Raspberry Pi'
>>> print(book_name)
Programming Raspberry Pi
```

每种方法的结果都有细微的差别。如果只是输入变量名，Python 就会在它周围加上单引号，这样你就可以知道它是一个字符串。另一方面，当使用 print 时，Python 只打印值。

注意： 也可以使用双引号来定义字符串，但通常的约定是使用单引号，除非你有正当的理由使用双引号(例如，如果要创建的字符串中有撇号)。

通过执行以下操作，可以找出字符串中所包含的字符数：

```
>>> len(book_name)
24
```

也可以找到字符串中某个处于特定位置的字符，如下所示：

```
>>> book_name[1]
'r'
```

这里需要注意两点：第一，要使用方括号而不是用于参数的圆括号；第二，位置索引值是从 0 开始，而不是从 1 开始。要查找字符串的第一个字符，需要执行以下操作：

```
>>> book_name[0]
'P'
```

如果输入的数字超过了字符串的长度值，你将看到：

```
>>> book_name[100]
Traceback (most recent call last):
    File "<stdin>", line 1, in <module>
IndexError: string index out of range
>>>
```

这是一个错误(error)，Python 通过这种方式告诉我们发生了错误。更具体地说，消息中的"string index out of range"(字符串索引超出了范围)部分表示，我们试图访问了一些不能访问的内容。在本例中，我们访问了仅包含 24 个字符的字符串的第 100 个元素。

还可以把一个长字符串切割成一个短字符串，如下所示：

```
>>> book_name[0:11]
```

```
'Programming'
```

括号中的第一个数字是我们要切割的字符串的起始位置，而第二个数字并不像你所期望的那样是最后一个字符的位置，而是最后一个字符加 1 的位置。

作为一个实验，试着从标题中删掉 raspberry 这个词。如果未指定第二个数字，则默认为字符串的结尾：

```
>>> book_name[12:]
'Raspberry Pi'
```

同样，如果不指定第一个数字，则默认为 0。

最后，还可以使用"+"运算符将字符串连在一起。下面就是一个这样的示例：

```
>>> book_name + ' by Simon Monk'
'Programming Raspberry Pi by Simon Monk'
```

4.2　列表

在本书的前面，当你使用数字时，一个变量只能容纳一个数字。然而，有时变量需要保存一个数字或字符串的列表，或两者的混合，甚至一个列表的列表。图 4-1 以可视化的方式帮助你理解变量为列表时的情形。

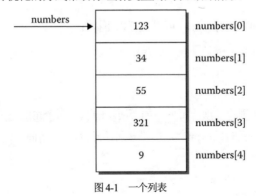

图4-1　一个列表

列表的行为很像字符串。毕竟，字符串就是字符列表。下面的示例演示了如何创建一个列表。注意，len 像处理字符串一样处理列表：

```
>>> numbers = [123, 34, 55, 321, 9]
>>> len(numbers)
5
```

就像字符串一样，方括号可用于表示列表，我们可以使用方括号来查找列表中的单个元素，或从较长的列表中生成较短的列表：

```
>>> numbers[0]
123
>>> numbers[1:3]
[34, 55]
```

此外，还可以使用 "=" 为列表中的某项指定一个新值，如下所示：

```
>>> numbers[0] = 1
>>> numbers
[1, 34, 55, 321, 9]
```

该操作将列表的第一个元素(元素位置为 0)的值从 123 更改为 1。

与字符串一样，也可以使用 "+" 运算符将列表连在一起：

```
>>> more_numbers = [5, 66, 44]
>>> numbers + more_numbers
[1, 34, 55, 321, 9, 5, 66, 44]
```

如果要对列表进行排序，可以执行以下操作：

```
>>> numbers.sort()
>>> numbers
[1, 9, 34, 55, 321]
```

要从列表中删除一项，可使用如下所示的 pop 命令。如果不指定 pop 的参数，它仅删除列表的最后一个元素并返回该元素。

```
>>> numbers
[1, 9, 34, 55, 321]
>>> numbers.pop()
321
```

```
>>> numbers
[1, 9, 34, 55]
```

如果指定一个数字作为 pop 的参数，则该数字对应要删除的元素的位置。下面是一个示例：

```
>>> numbers
[1, 9, 34, 55]
>>> numbers.pop(1)
9
>>> numbers
[1, 34, 55]
```

除了从列表中删除某项外，还可以在特定位置插入一项。函数 insert 接收两个参数：第一个参数是要插入的位置；第二个参数是要插入的项。

```
>>> numbers
[1, 34, 55]
>>> numbers.insert(1, 66)
>>> numbers
[1, 66, 34, 55]
```

当你想知道一个列表有多长时，可以使用 len(numbers)，但当你想对列表进行排序或从列表中"pop"一个元素时，可以在包含列表的变量后面加一个点，后跟要调用的命令，如下所示：

```
numbers.sort()
```

这两种不同的编程风格就涉及所谓的面向对象(object orientation)，我们将在第 5 章讨论。

列表可以组成相当复杂的结构，其中可以包含其他列表以及数字、字符串和逻辑值等不同类型数据的混合。图 4-2 显示了由以下代码生成的列表结构：

```
>>> big_list = [123, 'hello', ['inner list', 2, True]]
>>> big_list
[123, 'hello', ['inner list', 2, True]]
```

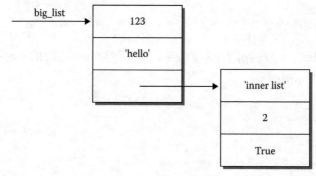

图4-2　一个复杂的列表

你可以将列表结构与 for 循环结合，编写一个简短的程序。首先创建一个列表，然后将列表中的每个元素输出到单独的行上：

```
#4_1_list_and_for
list = [1, 'one', 2, True]
for item in list:
    print(item)
```

以下是该程序的输出：

```
1
one
2
True
```

4.3　函数

目前，我们的编写的程序都很小、很简单，它们实际上只执行一个功能，因此在编写此类程序时几乎不需要分解它们。我们可以很容易地看出它们想要实现的功能。然而，随着程序越来越大，事情变得越来越复杂，就有必要将程序分解成一个个单元，即函数(function)。当我们进一步编写程序时，还将使用类(class)和模块(module)来构建程序。

前面提到的许多命令实际上是 Python 中内置的函数。例如 range 和 print。

　　软件开发中最大的问题是复杂度管理。一个优秀的程序员编写的软件应该易于查看和理解，并且不需要额外的解释。函数是创建易于理解的程序的关键工具，易于理解的程序应该不难更改，也不会因为更改而使整个程序陷入混乱。

　　函数有点像程序中的程序。我们可以用它来打包我们想要执行的一系列命令。所定义的函数可以在程序中的任何地方被调用(使用)，程序中包含自己的变量和命令列表。函数中的命令在运行完后，程序将返回到代码中最初调用函数的位置。

　　举个例子，下面创建一个函数，它只接受一个字符串作为参数，并在其末尾添加单词"please"。加载以下文件，或者自己手动输入代码到新的编辑器窗口，然后运行它以查看结果：

```
#4_2_polite_function
def make_polite(sentence):
    polite_sentence = sentence + ' please'
    return polite_sentence

print(make_polite('Pass the salt'))
```

　　函数以关键字 def 开头。后面是函数名，函数名遵循与变量相同的命名约定。之后是括号内的参数，如果有多个参数，则用逗号分隔。函数第一行必须以冒号结尾。

　　在该函数内部，我们使用了一个名为 polite_sentence 的新变量，该变量接受传递到函数中的参数并向其添加" please"(包括开头的空格)。此变量只能在函数内部使用。

　　函数的最后一行是 return 命令。它指定函数应该向调用它的代码返回值。该操作就像一个三角函数，比如 sin，你传递一个角度而得到一个数字值。在这个例子中，返回的是变量 polite_sentence 的值。

　　要使用该函数，只需要指定其名称并为其提供适当的参数。返回值不是函数必需的，有些函数只执行某些操作，而不计算某些值。例如，我们可以编写一个毫无意义的函数，将"Hello"打印指定的次数：

```
#4_3_hello_n
def say_hello(n):
    for x in range(0, n):
```

```
        print('Hello')

say_hello(5)
```

目前学习的这些内容已经涵盖了我们编写 Hangman 游戏所需的基础知识。虽然你还需要学习一些其他内容，但我们稍后再讨论。

4.4　Hangman 游戏

Hangman 是一个猜字游戏，通常只需要笔和纸就可以玩这个游戏。一个玩家选择一个单词，并为单词的每个字母画一个破折号，其余玩家来猜单词，一次猜一个字母。如果猜出的字母不在单词中，他们将失去一条命，会在 Hangman 惩罚中记上一笔(画一个脚手架和一个小人，每次给小人添上一笔)。如果字母在单词中，则出题玩家就会在出现该字母的所有位置上填上该字母。

我们让 Python 给出一个单词，然后我们猜测它是什么。Python 并没有画一个脚手架(scaffold)，而是告诉我们还有多少条命。

Python 2 和 Python 3 中的输入

这个示例是用 Python 3 编写的，如果你将其作为 Python 2 程序运行，例如，在命令行中意外使用命令 "python" 而不是 "python3"，那么编写好的 Hangman 示例将会出现错误。

出现这种不兼容性问题是因为两个版本的 Python 之间的 "input" 函数的工作方式截然不同。在 Python 3 中，input 命令接受一个参数，该参数提示用户输入内容以作为程序的输入。当用户完成此操作并按下回车键时，"input" 将以字符串形式返回他们输入的任何内容，即使你输入的是一个数字。

在 Python 2 中，"input" 试图理解你输入的内容。因此，如果你输入一个数字，它将返回一个数字；如果你输入一个以字母开头的内容，Python 将假定它是一个变量，并尝试获取其值。通常，你输入的内容不太可能是变量名，所以收到一条错误消息。

Python 3 读取 input 的方法与其他编程语言更加一致。

如果使用 raw_input 更改程序中每次出现的 input，则可以使 Hangman 程序在 Python 2 中运行。Python 2 中的 raw_input 函数的工作原理与 Python 3 中的 input 类似。

我们将从如何为 Python 提供一个可供选择的单词列表开始介绍。这个程序初看起来就像一个有关字符串列表的程序：

```
words = ['chicken', 'dog', 'cat', 'mouse', 'frog']
```

程序需要做的下一件事情是随机选取其中一个单词。我们可以编写一个执行该操作的函数，并自行测试：

```
#4_4_hangman_words
import random

words = ['chicken', 'dog', 'cat', 'mouse', 'frog']
def pick_a_word():
    return random.choice(words)

print(pick_a_word())
```

运行此程序几次，检查它是否从列表中选取了不同的单词。random 模块中的 choice 函数可以非常有效地随机选择列表中的某项。

这是一个很好的开始，但我们还需要把这些操作融入游戏结构中。下一步要做的是定义一个名为 lives_remaining 的新变量。该变量是一个整数，我们可以从 14 开始，每猜错一次，该整数减 1。这种类型的变量称为全局变量，我们可以从程序中的任何位置访问它，它与函数内部定义的变量不同。

除了这个新变量，我们还将编写一个名为 play 的函数来控制游戏。现在知道了游戏大致是如何运行的，只是还不知道所有细节。因此，我们可以编写函数 play 并编写它将调用的其他函数，例如 get_guess 和 process_guess，还要调用我们刚刚编写的函数 pick_a_word，代码如下所示：

```
def play():
    word = pick_a_word()
    while True:
        guess = get_guess(word)
        if process_guess(guess, word):
```

```
    print('You win! Well Done!')
    break
if lives_remaining == 0:
    print('You are Hung!')
    print('The word was: ' + word)
    break
```

Hangman 游戏首先要选一个单词。然后利用一个循环不断地验证，直到猜到这一个单词(process_guess 返回 True)或 lives_remaining 减少到 0。每次循环时，我们都会要求用户进行另一次猜测。

目前我们还无法运行此函数，因为函数 get_guess 和 process_guess 还不存在。然而，我们可以为它们编写所谓的存根(stub)，这些存根可以让我们在形式上完成 play 函数。存根只是功能不多的函数版本，它们是编写完整版函数的一种替代。

```
def get_guess(word):
return 'a'
def process_guess(guess, word):
    global lives_remaining
    lives_remaining = lives_remaining - 1
    return False
```

get_guess 的存根模拟玩家总是猜测字母 a，process_guess 的存根总是假设玩家猜错了，因此，lives_remaining 减少 1，并返回 False 以表示玩家没有赢。

process_guess 的存根要复杂一些。第一行告诉 Python 变量 lives_remaining 是该函数的全局变量。如果没有该行，Python 将假定它是函数的一个新的局部变量。然后存根将剩余寿命减少 1，并返回 False 以指示玩家尚未获胜。最后，我们将检查玩家是否猜到了所有字母或整个单词。

打开文件 04_05_hangman_play.py 并运行它，将得到类似下面的结果：

```
You are Hung!
The word was: dog
```

这个程序运行完毕后，我们很快就完成了所有的 14 个猜测，Python 告诉我们这个词是什么，以及我们失败的结果。

要完成该游戏，需要做的就是用真实的函数替换存根函数，我们先从

get_guess 开始，代码如下所示：

```
def get_guess(word):
    print_word_with_blanks(word)
    print('Lives Remaining: ' + str(lives_remaining))
    guess = input(' Guess a letter or whole word?')
    return guess
```

get_guess 要做的第一件事就是通过函数 print_word_with_blanks 告诉玩家猜测的当前状态(比如 "c--c--n")。现在这又包含另一个存根函数。然后，程序告诉玩家他们还剩多少命。注意，由于我们希望在字符串 Lives Remaining:之后追加一个数字(lives_remaining)，因此必须使用内置的 str 函数将数字变量转换为字符串。

内置函数 input 将参数中的消息作为提示进行输出，然后返回用户输入的任何内容。

最后，get_guess 函数返回用户输入的任何内容。

存根函数 print_word_with_blanks 提醒我们后面还有其他内容要编写：

```
def print_word_with_blanks(word):
    print('print_word_with_blanks: not done yet')
```

打开文件 04_06_hangman_get_guess.py 并运行它。你将得到如下结果：

```
not done yet
Lives Remaining: 14
  Guess a letter or whole word?x
print_word_with_blanks: not done yet
Lives Remaining: 13
  Guess a letter or whole word?y
print_word_with_blanks: not done yet
Lives Remaining: 12
  Guess a letter or whole word?
```

输入猜测结果，直到命数为 0，验证你是否得到了 "猜测失败" 的信息。

下一步，我们可以创建 print_word_with_blanks 的正确版本。这个函数需要显示类似 "c--c--n" 的内容，因此它需要知道玩家猜到了哪些字母，哪些字母还没有猜测。为此，它使用一个新的全局变量(这次是一个字符串)，该字符串包含已经猜测的所有字母。对于每次所猜测的字母，都会将其添加到此字符串中：

```
guessed_letters = ''
```

下面是该函数本身：

```
def print_word_with_blanks(word):
    display_word = ''
    for letter in word:
        if guessed_letters.find(letter) > -1:
            # letter found
            display_word = display_word + letter
        else:
            # letter not found
            display_word = display_word + '-'
    print display_word
```

此函数以空字符串开头，然后逐步遍历单词中的每个字母。如果该字母是玩家已经猜到的字母之一，则添加到 display_word 中；否则，将添加一个连字符(-)。内置函数 find 用于检查字母是否在 guessed_letters 中，如果字母不存在，find 函数返回-1；否则，它将返回字母所在的位置。我们真正关心的是它是否存在，所以只需要检查结果是否大于-1。最后，打印出单词。

目前，每次调用 process_guess 时，它都不会对猜测执行任何操作，因为它仍然是一个存根。我们可以通过将猜测的字母添加到 guessed_letters 中，使其更接近真正功能，代码如下所示：

```
def process_guess(guess, word):
    global lives_remaining
    global guessed_letters
    lives_remaining = lives_remaining - 1
    guessed_letters = guessed_letters + guess
    return False
```

打开文件 04_07_hangman_print_word.py 并运行它，将得到如下结果：

```
-------
Lives Remaining: 14
  Guess a letter or whole word?c
```

```
c--c---
Lives Remaining: 13
  Guess a letter or whole word?h
ch-c---
Lives Remaining: 12
  Guess a letter or whole word?
```

现在看来该游戏一切正常。但是，仍有存根需要填写，我们下一步将实现这一点：

```
def process_guess(guess, word):
    if len(guess) > 1:
        return whole_word_guess(guess, word)
    else:
        return single_letter_guess(guess, word)
```

当玩家输入猜测时，他们有两种选择：要么输入单个字母进行猜测，要么尝试猜测整个单词。在猜测整个单词时，我们只需要决定猜测的类型，并将其称为 whole_word_guess 或 single_letter_guess。因为这些函数都非常简单，所以我们直接实现它们，而不再设置为存根：

```
def single_letter_guess(guess, word):
    global guessed_letters
    global lives_remaining
    if word.find(guess) == -1:
        # word guess was incorrect
        lives_remaining = lives_remaining - 1
    guessed_letters = guessed_letters + guess
    if all_letters_guessed(word):
        return True

def all_letters_guessed(word):
    for letter in word:
        if guessed_letters.find(letter) == -1:
            return False
    return True
```

whole_word_guess 函数实际上比 single_letter_guess 函数更简单：

```
def whole_word_guess(guess, word):
    global lives_remaining
    if guess.lower() == word.lower():
```

```
            return True
        else:
            lives_remaining = lives_remaining - 1
            return False
```

我们所要做的就是对猜测的单词和实际单词进行比较，看看它们都转换成小写时是否相同。我们将两者都转换为小写，因此猜测的单词是否包含一些大写字母并不会有什么影响。当然，也可以很容易地将两者都转换为大写，但工作原理还是一样。如果这两者不一样，就减一条命。如果猜测正确，函数返回 True；否则，返回 False。

在 Mu 编辑器中打开 04_08_hangman_full.py 程序文件并运行它。为方便起见，此处显示了完整的程序。

```
#04_08_hangman_full
import random

words = ['chicken', 'dog', 'cat', 'mouse', 'frog']
lives_remaining = 14
guessed_letters = ''
def play():
    word = pick_a_word()
    while True:
        guess = get_guess(word)
        if process_guess(guess, word):
            print('You win! Well Done!')
            break
        if lives_remaining == 0:
            print('You are Hung!')
            print('The word was: ' + word)
            break

def pick_a_word():
    return random.choice(words)

def get_guess(word):
    print_word_with_blanks(word)
    print('Lives Remaining: ' + str(lives_remaining))
    guess = input(' Guess a letter or whole word?')
    return guess

def print_word_with_blanks(word):
```

```
        display_word = ''
        for letter in word:
            if guessed_letters.find(letter) > -1:
                # letter found
                display_word = display_word + letter
            else:
                # letter not found
                display_word = display_word + '-'
        print(display_word)

def process_guess(guess, word):
    if len(guess) > 1:
        return whole_word_guess(guess, word)
    else:
        return single_letter_guess(guess, word)

def whole_word_guess(guess, word):
    global lives_remaining
    if guess == word:
        return True
    else:
        lives_remaining = lives_remaining - 1
        return False

def single_letter_guess(guess, word):
    global guessed_letters
    global lives_remaining
    if word.find(guess) == -1:
        # letter guess was incorrect
        lives_remaining = lives_remaining - 1
    guessed_letters = guessed_letters + guess
    if all_letters_guessed(word):
        return True
    return False

def all_letters_guessed(word):
    for letter in word:
        if guessed_letters.find(letter) == -1:
            return False
    return True

play()
```

目前该游戏还存在一些局限性。首先，它是区分大小写的，因此你必须以小写字母输入猜测结果，如同 words 数组中的单词。其次，如果你不小心输入了 aa 而不是 a，它也会将其视为一次猜测结果，即使它太短而不足以作为一个单词。聪明的游戏应该能发现这一点，并且只考虑验证与目标单词相同长度的单词。

作为练习，你可以尝试纠正这些问题。提示：对于区分大小写的问题，请尝试使用内置函数 lower。你可以在 04_08_hangman_full_solution.py 文件中查看该游戏的改进版本。

4.5　字典

当你希望从头访问数据并逐步完成数据访问时，使用列表是非常合适的，但当列表变得非常大，而且要浏览大量数据才能找到一个数据时(例如，查找特定项)，使用列表可能会变得非常缓慢且效率低下。这有点像一本没有索引或目录的书，要在该书中找到你想要的内容，就必须通读整本书。

如你所想，当你想要直接访问感兴趣的数据项时，字典(Dictionary)提供了一种更有效的访问数据结构的方法。使用字典时，需要为一个值(value)建立一个相关的键(key)。无论何时需要该值，都可以使用键来请求该值。这有点像一个变量名有一个关联的值。但区别在于，对于字典，键和值都是在程序运行时创建的。

```
>>> eggs_per_week = {'Penny': 7, 'Amy': 6, 'Bernadette': 0}
>>> eggs_per_week['Penny']
7
>>> eggs_per_week['Penny'] = 5
>>> eggs_per_week
{'Penny': 5, 'Amy': 6, 'Bernadette': 0}
>>>
```

本例主要介绍如何记录每只鸡当前的产蛋数量。与每只鸡的名字相关联的是每周的鸡蛋数量。当想要检索其中一只母鸡(如 Penny)的产蛋数量时，我们可以直接在方括号中使用该名称，而不是使用列表中的索引号。另外，也可以在赋值中使用相同的语法来更改任一值。

例如，如果 Bernadette 要下蛋，我们可以通过以下方式更新该记录：

```
eggs_per_week['Bernadette'] = 1
```

注意，我们使用字符串作为键，数字作为值，其中键可以是字符串、数字或元组(tuple，详见下一节)，而值可以是任何内容，包括列表或其他字典。

4.6　元组

从表面上看，元组就像列表，但它没有方括号。因此，可以像下面这样定义和访问一个元组：

```
>>> tuple = 1, 2, 3
>>> tuple
(1, 2, 3)
>>> tuple[0]
1
```

但如果我们尝试更改元组的某个元素，就会收到一条错误消息，如下所示：

```
>>> tuple[0] = 6
Traceback (most recent call last):
  File "<stdin>", line 1, in <module>
TypeError: 'tuple' object does not support item assignment
```

出现此错误消息的原因是元组是不可变的，这意味着你无法更改它。字符串和数字也是不可变的。虽然可以更改变量以引用不同的字符串、数字或元组，但不能更改数字本身。另一方面，如果变量引用一个列表，则可以通过添加、删除或更改列表中的元素来更改该列表。

如果一个元组只是一个列表，又不能用它来做什么，那么为什么要使用它呢？答案是：元组提供了一种创建数据项临时集合的有用方法。Python 允许你使用元组执行一些非常巧妙的操作，如下面两小节所述。

4.6.1　为多个变量赋值

要为变量赋值，只需要使用 "=" 运算符，代码如下所示：

```
a = 1
```

Python 还允许你在一行中执行多个变量的赋值操作，代码如下所示：

```
>>> a, b, c = 1, 2, 3
>>> a
1
>>> b
2
>>> c
3
```

4.6.2　返回多个值

有时在函数中，你希望一次返回多个值。例如，想象一个函数，它接受一个数字列表并返回最小值和最大值，如下面的示例：

```
#04_09_stats
def stats(numbers):
    numbers.sort()
    return (numbers[0], numbers[-1])

list = [5, 45, 12, 1, 78]
min, max = stats(list)
print(min)
print(max)
```

虽然这个求最小值和最大值的方法并不十分有效，但它却是一个简单的示例。该示例首先对列表进行排序，然后获取第一个和最后一个数字。注意，numbers[-1] 返回最后一个数字，因为当你为数组或字符串提供负索引时，Python 会从列表或字符串的末尾向后计数。因此，位置-1 表示最后一个元素，-2 表示倒数第二个元素，以此类推。

4.7　异常

　　Python 使用异常(exception)来表示程序中出现了错误。程序运行时，可能会发生多种错误。例如，我们已经讨论过的一种常见异常是试图访问超出列表或字符串范围的元素。下面是一个有关异常的示例：

```
>>> list = [1, 2, 3, 4]
>>> list[4]
Traceback (most recent call last):
  File "<stdin>", line 1, in <module>
IndexError: list index out of range
```

　　如果有人在使用你的程序时收到这样的错误消息，该消息至少会让他们感到困惑。因此，Python 提供了一种拦截此类错误并允许你以自己的方式处理这类错误的机制：

```
try:
    list = [1, 2, 3, 4]
    list[4]
except IndexError:
    print('Oops')
```

　　在第 5 章中，我们还会讨论异常，届时会介绍你可能遇到的不同类型的错误及其层次结构。

4.8　函数小结

　　本章旨在让你快速了解最重要的一些 Python 函数。出于篇幅限制，我们省略了一些内容。因此，本节提供了主要函数类型的一些关键特性和功能的参考信息。在阅读本书的过程中，请将这些信息视为一种可供参考的资源，并且一定要动手尝试一些函数，看看它们是如何工作的。没有必要通读本节中的所有内容，仅在需要时查看相关资料即可。记住，Python Shell 就是你的最佳伙伴。

　　有关 Python 内容的完整信息，请访问 http://docs.python.org/py3k。

4.8.1 数字

表 4-1 显示了一些可用于数字的函数。

表 4-1 数字函数

函数	描述	示例
abs(x)	返回绝对值(去掉负数的负号)	>>>abs(-12.3) 12.3
bin(x)	用于把对象 x 转换为二进制字符串	>>> bin(23) '0b10111'
complex(r,i)	创建具有实部和虚部的复数。主要用于科学计算和工程应用	>>> complex(2,3) (2+3j)
hex(x)	用于把对象 x 转换为十六进制字符串	>>> hex(255) '0xff'
oct(x)	用于把对象 x 转换为八进制字符串	>>> oct(9) '0o11'
round(x, n)	将 x 四舍五入到小数点后 n 位	>>> round(1.111111, 2) 1.11
math.factorial(n)	阶乘函数(如 4×3×2×1)	>>> math.factorial(4)24
math.log(x)		>>> math.log(10) 2.302585092994046
math.pow(x, y)	计算 x 的 y 次方(或者，使用 x**y)	>>> math.pow(2, 8) 256.0
math.sqrt(x)	平方根	>>> math.sqrt(16) 4.0
math.sin, cos, tan, asin, acos, atan	三角函数(弧度)	>>> math.sin(math.pi/ 2) 1.0

4.8.2 字符串

字符串常量可以用单引号(最常见)或双引号括起来。如果要在字符串中包含单引号，则需要使用双引号，如下所示:

```
s = "Its 3 o'clock"
```

在某些情况下，可能要在字符串中包含特殊字符，如换行符和制表符(tab)。为此，可以使用所谓的转义字符，它以反斜杠(\)字符开头。以下是可能要用到的选项：

- \t 制表符
- \n 换行符

表 4-2 显示了一些可用于字符串的函数。

表4-2　字符串函数

函数	描述	示例
s.capitalize()	首字母大写，其余字母小写	>>> 'aBc'.capitalize() 'Abc'
s.center(width)	用空格填充，使字符串居中。可选的额外参数表示要填充的字符	>>> 'abc'.center(10, '-') '---abc----'
s.endswith(str)	如果字符串的尾部匹配成功，则返回 True	>>> 'abcdef' .endswith('def') True
s.find(str)	返回子字符串的位置。可选的额外参数表示起始位置和结束位置，可用于限制搜索范围	>>> 'abcdef'.find('de') 3
s.format(args)	使用{}进行模板标记并格式化字符串	>>> "Its {0} pm".format('12') "Its 12 pm"
s.isalnum()	如果字符串中的所有字符都是字母或数字，则返回 True	>>> '123abc'.isalnum() True
s.isalpha()	如果所有字符都是字母，则返回 True	>>> '123abc'.isalpha() False
s.isspace()	如果字符是空格、制表符或其他空白字符，则返回 True	>>> ' \t'.isspace() True
s.ljust(width)	类似于 center()，但是左对齐	>>> 'abc'.ljust(10, '-') 'abc-------'
s.lower()	将字符串转换为小写	>>> 'AbCdE'.lower() 'abcde'
s.replace(old, new)	将出现的所有旧项替换为新项	>>> 'hello world' .replace('world', 'there') 'hello there'
s.split()	返回字符串中所有单词的列表，以空格分隔。可选的一个参数可用于指示不同的分隔符。常用的是换行符(\n)	>>> 'abc def'.split() ['abc', 'def']

(续表)

函数	描述	示例
s.splitlines()	在换行符处分割字符串	
s.strip()	删除字符串两端的空白	>>> ' a b '.strip() 'a b'
s.upper()	请参阅本表前面的 lower()函数	

4.8.3　列表

我们已经了解了列表的大部分函数。表 4-3 总结了这些函数。

表 4-3　列表函数

函数	描述	示例

del(a[i:j])	从数组中删除元素 i 到元素 j-1 之间的所有元素	>>> a = ['a', 'b', 'c']
		>>> del(a[1:2])
		>>> a
		['a', 'c']

a.append(x)	将元素追加到列表的末尾	>>> a = ['a', 'b', 'c']
		>>> a.append('d')
		>>> a
		['a', 'b', 'c', 'd']

a.count(x)	统计特定元素出现的次数	>>> a = ['a', 'b', 'a']
		>>> a.count('a')
		2

a.index(x)	返回 a 中第一次出现 x 的索引位置。可选参数可指定搜索范围的起始和结束索引	>>> a = ['a', 'b', 'c']
		>>> a.index('b')
		1

a.insert
(i, x)
	在列表中的位置 i 处插入 x	>>> a = ['a', 'c']
		>>> a.insert(1, 'b')
		>>> a
		['a', 'b', 'c']

a.pop()	返回列表的最后一个元素并将其删除。可选的参数用于为删除操作指定一个特定的索引位置	>>> ['a', 'b', 'c']
		>>> a.pop(1)
		'b'
		>>> a
		['a', 'c']

（续表）

函数	描述	示例

a.remove(x)	删除指定的元素	>>> a = ['a', 'b', 'c']
		>>> a.remove('c')
		>>> a
		['a', 'b']

a.reverse()	反转列表	>>> a = ['a', 'b', 'c']
		>>> a.reverse()
		>>> a
		['c', 'b', 'a']

a.sort()	对列表进行排序。对列表中的对象进行排序时，可以使用一些高级选项。详见下一章	

4.8.4　字典

表 4-4 详细介绍了有关词典的一些必知信息。

表 4-4　字典函数

函数	描述	示例

len(d)	返回字典中的项数	>>> d = {'a':1, 'b':2}
		>>> len(d)
		2

del(d[key])	从字典中删除一项	>>> d = {'a':1, 'b':2}
		>>> del(d['a'])
		>>> d
		{'b': 2}

key in d	如果字典(d)包含键，则返回 True	>>> d = {'a':1, 'b':2}
		>>> 'a' in d
		True

d.clear()	从字典中删除所有项	>>> d = {'a':1, 'b':2}
		>>> d.clear()
		>>> d
		{}

get(key, default)	返回键的值，如果键不存在，则返回默认值	>>> d = {'a':1, 'b':2}
		>>> d.get('c', 'c')
		'c'

4.8.5　类型转换

我们已经讨论了如何将数字转换为字符串，以便将其附加到另一个字符串中。Python 包含了一些用于将一种类型的条目转换为另一种类型的内置函数，如表 4-5 所示。

表 4-5　类型转换函数

函数	描述	示例

float(x)	将 x 转换为浮点数	>>> float('12.34')
		12.34
		>>> float(12)
		12.0

int(x)	可选参数用于指定进制数	>>> int(12.34)
		12
		>>> int('FF', 16)
		255

list(x)	将 x 转换为列表。这也是一种获取字典的键列表的简便方法	>>> list('abc')
		['a', 'b', 'c']
		>>> d = {'a':1,
		'b':2}
		>>> list(d)
		['a', 'b']

4.9　本章小结

Python 中的许多内容都需要你逐步去学习。因此，一想到要学习所有这些命令，请不要绝望。真的没有必要去学习所有命令，因为你可以去搜索或查找相关的 Python 命令。

在第 5 章中，我们将进一步学习，了解 Python 如何管理面向对象。

第5章
模块、类和方法

在本章中，我们将讨论如何创建和使用自己的模块(module)，同第 3 章中使用的 random 模块一样。还将讨论 Python 如何实现面向对象，它将程序结构化为类(class)，每个类负责自己的行为。面向对象编程有助于检查程序的复杂性，还可以使程序更易于管理。实现面向对象的主要机制是类和方法。在前面的章节中，你虽然已经使用了内置类和方法，但不一定了解它。

5.1　模块

多数计算机语言都有一个类似于模块的概念，它允许你创建一组函数，这些函数以一种非常便利的形式供其他人使用，甚至还可让你在不同的项目中使用。

Python 以一种非常简单和直观的方式对函数进行分组。本质上，任何包含 Python 代码的文件都可被视为与该文件同名的模块。但是，在开始编写自己的模块之前，我们先介绍一下如何使用 Python 中已安装的模块。

5.1.1　模块的使用

如前所述，当使用 random 模块时，我们执行了以下操作：

```
>>> import random
>>> random.randint(1, 6)
6
```

这里要做的第一件事就是告诉 Python，我们希望通过使用 import 命令来使用 random 模块。Python 的安装程序中有一个名为 random.py 的文件，该文件包含 randint 和 choice 函数以及其他一些函数。

Python 有非常多的模块可供我们使用，但不同的模块可能具有同名函数，这是一件非常危险的事。在这种情况下，Python 如何知道使用的是哪一个呢？幸运的是，我们不必担心这种情况，因为我们已经导入了模块，模块中的任何函数都不可见，除非我们预编辑模块名字，然后在函数名称前加一个点。省略模块名称的代码如下所示：

```
>>> import random
>>> randint(1, 6)
Traceback (most recent call last):
  File "<stdin>", line 1, in <module>
NameError: name 'randint' is not defined
```

对于一个经常使用的函数，在每次调用之前都加上模块名，可能是一件非常单调乏味的事。幸运的是，我们可以通过 import 命令执行以下操作来简化此过程：

```
>>> import random as r
>>> r.randint(1,6)
2
```

该操作在我们的程序中为模块提供了一个本地别名 r 而非 random，这为我们带来了输入上的便利。

如果你确定所用库中的函数不会与程序中的任何内容冲突，可以进一步执行如下所示的操作：

```
>>> from random import randint
>>> randint(1, 6)
5
```

甚至更进一步，你可以一次性导入模块中的所有内容。但是，除非你确切地知道模块中的内容，否则这样做并不合适(虽然你可以这样做)。以下是具体做法：

```
>>> from random import *
>>> randint(1, 6)
2
```

在这种情况下，星号(*)表示"一切"。

5.1.2　有用的 Python 库

到目前为止，我们已经使用了 random 模块，但是 Python 中还包括其他模块。这些模块通常称为 Python 的标准库。由于这样的模块太多，这里无法完整展示。但是，你可以访问以下网址以找到 Python 模块的完整列表：http://docs.python.org/release/3.1.5/library/index.html。以下是你应该了解的一些最有用的模块：

- **string** 字符串实用程序
- **datetime** 用于操作日期和时间
- **math** 数学函数(sin、cos 等)
- **pickle** 用于在文件上保存和恢复数据结构(见第 6 章)
- **urllib.request** 用于读取网页(见第 6 章)
- **guizero** 用于创建图形用户界面(见第 7 章)

5.2　面向对象

面向对象与模块有很多相同之处。它同样是尝试将相关数据项组合在一起，以易于维护和查找。顾名思义，面向对象是关于对象的。其实前面我们已经悄悄地使用对象了。例如，字符串就是一个对象。因此，若输入

```
>>> 'abc'.upper()
```

表示我们想要字符串"abc"转换为大写后的一个副本。在面向对象的术语中，abc 是内置类 str 的一个实例(instance)，upper 是类 str 中的一个方法(method)。

实际上，我们也可以找出一个对象所属的类，如下所示(注意单词 class 前

后的双下画线):

```
>>> 'abc'.__class__
<class 'str'>
>>> [1].__class__
<class 'list'>
>>> 12.34.__class__
<class 'float'>
```

5.3   类的定义

现实中，其他人编写的类已经够多了，下面我们来编写自己的类。首先，我们创建一个类，该类通过将一个值乘以一个比例因子，把测量值从一种单位转换为另一种单位。

我们给这个类起一个吸引人的名字 ScaleConverter。下面是这个类的完整代码清单，以及测试该类的几行代码:

```
#05_01_converter
class ScaleConverter:
    def __init__(self, units_from, units_to, factor):
        self.units_from = units_from
        self.units_to = units_to
        self.factor = factor

    def description(self):
        return 'Convert ' + self.units_from + ' to ' + self.units_to

    def convert(self, value):
        return value * self.factor

c1 = ScaleConverter('inches', 'mm', 25)
print(c1.description())
print('converting 2 inches')
print(str(c1.convert(2)) + c1.units_to)
```

下面逐行对这些代码进行解释。第一行非常明显: 它表明我们定义了一个名为 ScaleConverter 的类。末尾的冒号(:)表示在我们再次回到左边界的缩进级别之前，里面的内容都是类定义的一部分。

在 ScaleConverter 中，可以看到三个函数定义。这些函数都属于该类；除非通过类的实例调用，否则不能使用它们。属于某一个类的这些函数称为方法。

第一个方法，__init__，看起来有点奇怪，它的名称两边都有两个下画线字符。当 Python 创建类的一个新实例时，它会自动调用方法__init__。__init__包含的参数数量取决于创建类的实例时提供的参数数量。要解决这个问题，我们需要查看文件末尾的这一行：

```
c1 = ScaleConverter('inches', 'mm', 25)
```

此行创建 ScaleConverter 的新实例，定义了转换的单位以及缩放因子。__init__方法必须包括所有这些参数，还必须包含一个名为 self 的参数作为第一个参数：

```
def __init__(self, units_from, units_to, factor):
```

参数 self 指的是对象本身。下面看看__init__方法的主体，我们看到一些赋值语句：

```
self.units_from = units_from
self.units_to = units_to
self.factor = factor
```

这些赋值语句中的每一个都会创建一个属于该对象的变量，并且由传递到__init__参数中的值来设置这些变量的初始值。

总之，当输入以下内容创建一个新的 ScaleConverter 时

```
c1 = ScaleConverter('inches', 'mm', 25)
```

Python 创建了 ScaleConverter 的一个新实例，并将值"inches""mm"和 25 赋给它的三个变量：self.units_from、self.units_to 和 self.factor。

一讨论类就不得不提到封装(encapsulation)这个术语。类的主要工作就是封装与类相关的所有内容。在这里就是用 description 和 convert 方法对数据做想要的处理并存储数据(如三个变量)。

第一个方法(description)获取 Converter 的有关单位的信息，并创建一个描述

该单位的字符串。与__init__一样，所有方法的第一个参数都必须是 self。该方法可能要用它来访问它所属类的数据。

通过运行程序 05_01_converter.py，然后在 Python Shell 中输入以下命令，可以尝试该转换：

```
>>> silly_converter = ScaleConverter('apples', 'grapes', 74)
>>> silly_converter.description()
'Convert apples to grapes'
```

convert 方法有两个参数：强制的 self 参数和一个名为 value 的参数。该方法仅返回传递的值乘以 self.factor 的结果：

```
>>> silly_converter.convert(3)
222
```

5.4 继承

ScaleConverter 类适用于长度单位之类的对象；然而，它不适用于将温度从摄氏度(C)转换为华氏度(F)的情况。该转换的公式为 F=C*1.8+32。既有比例因子(1.8)，又有偏移量(32)。

下面创建一个名为 ScaleAndOffsetConverter 的类，它与 ScaleConverter 类似，但包含一个 factor 和一个 offset。实现这个类的一种方法就是复制 ScaleConverter 的全部代码，并添加一些额外的变量做少许更改。事实上，它看起来可能如下所示：

```
#05_02_converter_offset_bad
class ScaleAndOffsetConverter:

    def __init__(self, units_from, units_to, factor, offset):
        self.units_from = units_from
        self.units_to = units_to
        self.factor = factor
        self.offset = offset

    def description(self):
```

```
        return 'Convert ' + self.units_from + ' to ' + self.units_to

    def convert(self, value):
        return value * self.factor + self.offset

c2 = ScaleAndOffsetConverter('C', 'F', 1.8, 32)
print(c2.description())
print('converting 20C')
print(str(c2.convert(20)) + c2.units_to)
```

假设我们所编写的程序中同时需要两种类型的转换器，那么这种做法并不合适。甚至这样做很糟糕，因为我们在重复代码。两个类中的 description 方法实际上是相同的，而__init__大部分是相同的。更好的做法是使用一种叫作继承(inheritance)的机制。

类继承的隐含思想是，当你需要一个已存在的类的特定版本时，可以继承父类的所有变量和方法，然后添加新变量或重写不同的变量和方法。图 5-1 显示了这两个类的类图，它展示了 ScaleAndOffsetConverter 如何继承 ScaleConverter，如何添加新变量(offset)并重写 convert 方法(因为它的工作方式稍有不同)。

以下代码使用了继承机制来定义 ScaleAndOffsetConverter 类：

```
class ScaleAndOffsetConverter(ScaleConverter):

    def __init__(self, units_from, units_to, factor, offset):
        ScaleConverter.__init__(self, units_from, units_to, factor)
        self.offset = offset

    def convert(self, value):
        return value * self.factor + self.offset
```

首先要注意的是，ScaleAndOffsetConverter 类的定义后面的括号中包含 ScaleConverter。这就是为类指定父类的一种方式。

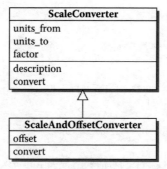

图 5-1　使用继承的一个示例

　　ScaleConverter 的新"子类"(subclass)的 __init__ 方法在定义新变量 offset 之前首先调用 ScaleConverter 的 __init__ 方法。convert 方法将重写父类中的 convert 方法，因为我们需要为这种转换器添加偏移量。通过运行 05_03_converters_final.py，你可以同时运行并测试这两个类：

```
>>> c1 = ScaleConverter('inches', 'mm', 25)
>>> print(c1.description())
Convert inches to mm
>>> print('converting 2 inches')
converting 2 inches
>>> print(str(c1.convert(2)) + c1.units_to)
50mm
>>> c2 = ScaleAndOffsetConverter('C', 'F', 1.8, 32)
>>> print(c2.description())
Convert C to F
>>> print('converting 20C')
converting 20C
>>> print(str(c2.convert(20)) + c2.units_to)
68.0F
```

　　将这两个类转换成可以在其他程序中使用的模块是一件很简单的事。事实上，我们将在第 7 章中使用这个模块，并附加一个图形用户界面。

　　要将此文件转换为一个模块，首先应将测试代码从它的末尾去掉，然后给文件起一个更合理的名称，我们称之为 converters.py。你可以在本书的下载目录中找到此文件。该模块必须与任何要使用它的程序位于同一目录中。

　　要使用该模块，只须执行以下操作：

```
>>> import converters
>>> c1 = converters.ScaleConverter('inches', 'mm', 25)
>>> print(c1.description())
Convert inches to mm
>>> print('converting 2 inches')
converting 2 inches
>>> print(str(c1.convert(2)) + c1.units_to)
50mm
```

5.5　本章小结

　　Python 有很多可用的模块，有些模块只适用于树莓派，例如用于控制 GPIO 引脚的 gpiozero 库。在使用本书的过程中，你将遇到各种模块。你还将发现，随着编写的程序变得越来越复杂，采用面向对象的方法设计和开发项目将使一切变得更易于管理。

　　在第 6 章中，我们将介绍如何使用文件和互联网。

第6章
文件和互联网

Python 能使你的程序轻松地使用文件和连接 Internet。你可以从文件中读取数据、将数据写入文件、从 Internet 获取内容，甚至可以通过程序查看新邮件和推文。

6.1　文件

当运行 Python 程序时，变量中的所有值都将丢失。对此，文件提供了一种使数据更持久的方法。

6.1.1　读取文件

Python 使读取文件内容变得非常容易。例如，我们可以将第 4 章中的 Hangman 程序转换为从文件中读取单词列表，而不是将它们固化在程序中。

首先，在 Mu 中启动一个新文件，并在该文件中放入一些单词，每行一个单词。然后将文件命名为 hangman_words.txt，并将其保存在/home/pi/mu_code/prog_pi_ed3 目录中。注意，在 Save 对话框中，你必须将文件类型更改为.txt(见图 6-1)。

在修改 Hangman 程序之前，可以在 Python 控制台中尝试读取文件，即在 REPL 中输入以下内容：

```
>>> f = open('prog_pi_ed3/hangman_words.txt')
```

注意，Mu 中的 REPL 的当前目录为/home/mu/mu_code，因此保存文件的
目录必须包含在 open 命令中。

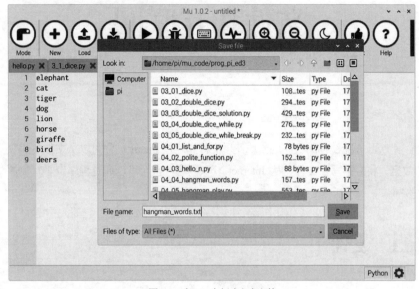

图 6-1   在 Mu 中创建文本文件

接下来，在 Python 控制台中输入以下内容：

```
>>> words = f.read()
>>> words
'elephant\ncat\ntiger\ndog\nlion\nhorse\ngiraffe\nbird\
ndeer\n'
>>> words.splitlines()
['elephant', 'cat', 'tiger', 'dog', 'lion', 'horse', 'giraffe'
, 'bird', 'deer']
>>>
```

是不是非常容易！我们需要做的就是把这个文件添加到 Hangman 程序中，
也就是把下面这行代码

```
words = ['chicken', 'dog', 'cat', 'mouse', 'frog']
```

替换为以下这些代码

```
f = open('prog_pi_ed3/hangman_words.txt')
words = f.read().splitlines()
f.close()
```

这里添加了 f.close()这一行。处理完文件后，别忘了调用 close 命令释放操作系统资源。让一个文件一直处于打开状态会导致很多问题。

完整程序包含在文件 06_01_hangman_file.py 中，相应的动物名称列表可在文件 hangman_words.txt 中找到。在尝试读取文件之前，该程序不检查文件是否存在。因此，如果文件不存在，就会得到一个类似下面的错误：

```
Traceback (most recent call last):
  File "06_01_hangman_file.py", line 4, in <module>
    f = open('hangman_words.txt')
IOError: [Errno 2] No such file or directory: 'hangman_words.txt'
```

为了更方便用户，文件读取代码需要放在 try 命令中，如下所示：

```
try:
    f = open('prog_pi_ed3/hangman_words.txt')
    words = f.read().splitlines()
    f.close()
except IOError:
    print("Cannot find file 'prog_pi_ed3/hangman_words.txt'")
    exit()
```

Python 将尝试打开该文件，若该文件不存在导致无法打开，程序的 except 部分将运行，并显示出相应的错误消息。如果没有一个单词可供猜测，我们就无法做任何事，所以继续下去没有意义，可使用 exit 命令退出该程序。

在编写错误消息时，我们重复了该文件名。所以要严格遵循 Don't Repeat Yourself(DRY)原则，就像下面的处理一样，文件名应该放在一个变量中。这样，如果要使用不同的文件，只需要在一个地方更改代码即可。

```
words_file = 'prog_pi_ed3/hangman_words.txt'
try:
    f = open(words_file)
    words = f.read().splitlines()
    f.close()
```

```
except IOError:
    print("Cannot find file: " + words_file)
    exit()
```

在 06_02_Hangman_file_try.py 文件中可以找到包含此代码的 Hangman 变更版本。

6.1.2   读取大型文件

对于只包含一些单词的小文件来说，上一节中所采用的方式还算合适。然而，如果需要读取一个非常大的文件(比如，数兆字节)，那么会涉及两方面的问题。首先，Python 读取所有数据将花费大量时间。其次，因为所有数据都是一次性读取的，所以至少要使用与文件大小相同的内存，文件非常庞大时，可能会导致 Python 内存不足。

如果你发现自己正在读取一个大型的文件，就需要考虑如何处理它。例如，如果要在文件中搜索特定字符串，只需要一次读取文件的一行，就像下面的代码一样：

```
#06_03_file_readline
words_file = 'hangman_words.txt'
try:
    f = open(words_file)
    line = f.readline()
    while line != '':
        if line == 'elephant\n':
            print('There is an elephant in the file')
            break
        line = f.readline()
    f.close()
except IOError:
    print("Cannot find file: " + words_file)
```

当函数 readline 到达文件的最后一行时，它返回一个空字符串(' ')。否则，它将返回该行的内容，包括换行符(\n)。如果它读取的空行实际上只是行与行之间的间隙，而不是文件的结尾，它将只返回换行符(\n)。由于程序一次只读取一行，因此只需要满足一整行存储的内存大小即可。

如果文件没有以行的形式进行分隔，可以在 read 中指定一个参数，以限制读取的字符数。例如，以下代码仅读取文件的前 20 个字符：

```
>>> f = open('prog_pi_ed3/hangman_words.txt')
>>> f.read(20)
'elephant\ncat\ntiger\nd'
>>> f.close()
```

6.1.3　写文件

写文件也同样非常简单。打开文件时，除了指定要打开的文件的名称，还可以指定文件的打开模式。模式由一个字符表示，如果未指定模式，则一般假定以 r 模式进行读取。主要的模式如下：

- r(read)。
- w(write) 替换现有文件的内容。
- a(append) 将要写入的内容添加到现有文件的末尾。
- r+　打开文件进行读和写(不经常使用)。

还可以在"r""w"或"a"之后添加"b"，以指示文件包含二进制数据而不是可读文本。

要写入文件，需要加上"w""a"或"r+"作为第二个参数打开它。下面是一个例子：

```
>>> f = open('test.txt', 'w')
>>> f.write('This file is not empty')
>>> f.close()
```

请尝试使用文件管理器查找该文件，以检查它是否存在。你可以在 /home/pi/mu_code 中找到它。

6.1.4　文件系统

有时，你需要对文件执行一些文件系统类型的操作(例如移动文件、复制文件等)。Python 通过 Linux 来执行这些操作，但是它提供了一种良好的 Python 风格的方法。Python 提供的许多函数都在 shutil(shell utility)包中。并且在处理文件权限和元数据的基本复制和移动功能上有许多细微的变化。在本节，我们只讨论基本操作。你可以参考 Python 官方文档(http://docs.python.org/release/3.1.5/library)以了解更多函数。

以下代码说明了如何复制文件：

```
>>> import shutil
>>> shutil.copy('test.txt', 'test_copy.txt')
```

要移动文件，请更改其名称或将其移动到其他目录：

```
shutil.move('test_copy.txt', 'test_dup.txt')
```

这些操作适用于目录和文件。如果要复制整个文件夹，包括其中的所有文件及子文件夹中的文件，可以使用 copytree 函数。另一方面，有一个相当危险的函数 rmtree，它递归地删除一个目录以及它包含的内容，使用这个函数时要非常小心！

查找目录中内容的最好方法是利用 glob 包。glob 包允许你通过指定通配符(*)在目录中创建文件列表。下面是一个例子：

```
>>> import glob
glob.glob('*.txt')
['hangman_words.txt', 'test.txt', 'test_dup.txt']
```

如果需要文件夹中的所有文件，方法如下：

```
glob.glob('*')
```

6.2   pickle

pickle 主要用于将变量的内容保存到一个文件，以便日后加载该文件即可恢复变量的原始值。执行该操作的最常见原因是需要保存程序运行间的不同数据。例如，我们可以创建一个包含另一个列表和各种其他数据对象的复杂列表，然后将其 pickle 到一个名为 mylist.pickle 的文件中，如下所示：

```
>>> mylist = ['a', 123, [4, 5, True]]
```

```
>>> mylist
['a', 123, [4, 5, True]]
>>> import pickle
>>> f = open('mylist.pickle', 'wb')
>>> pickle.dump(mylist, f)
>>> f.close()
```

pickle 文件是二进制文件(这就是要在"wb"模式下打开该文件的原因)，遗憾的是，你无法在文本编辑器中查看它。要将 pickle 文件重建为对象，请执行以下操作：

```
>>> f = open('mylist.pickle', 'rb')
>>> other_array = pickle.load(f)
>>> f.close()
>>> other_array
['a', 123, [4, 5, True]]
```

6.3 JSON

JSON 是一种用来表示数据的文本格式。它可以在文件以及将 JSON 作为通用数据交换格式的 Web 服务中使用。Python 利用从文件或 Internet 检索的 JSON 文本创建列表和字典，使 JSON 的使用变得非常简单。

例如，使用 Mu 在/home/pi/mu_files 中创建一个名为 books.json 的文件，并将以下 json 文本放入其中。

```
{"books": [
    {"title": "Programming Raspberry Pi", "price": 10.95},
    {"title": "The Raspberry Pi Cookbook", "price": 14.95}
]}
```

在 JSON 中，可以将{ }视为 Python 封装的一个字典。在本例中，字典有一个键(字符串 books)和一个值(包含在[和]之间的列表)。该列表中有两个值，它们本身都是包含书籍信息的字典。

每本书的字典都有"title"和"price"键。标题是一个包含引号的字符串，价格是一个数字(因此不需要引号)。

程序文件 06_04_json_file.py 读取文件 books.json 并将其转换为 Python 字典和列表。将 06_04_json_file.py 加载到 Mu 中并运行它。可以看到图 6-2 所示的内容。

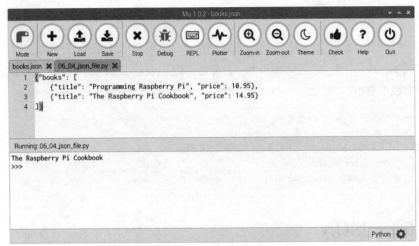

图6-2   读取一个 JSON 文件中的内容

让我们看一下它的代码。

```
#06_04_json_file
import json

f = open('books.json')
j = json.load(f)
f.close()

print(j['books'][1]['title'])
```

我们要做的第一件事情是导入 json 库。然后打开文件 books.json，因为 json 是文本格式的，不像 pickle 文件，所以不必将其作为二进制文件打开。

调用 json 的 load 方法读取文件的内容并将其转换为字典，然后将其分配给变量 j。最后关闭文件，因为已从中读取了需要的内容。

程序的最后一行显示了如何使用[]符号导航到已创建的词典和列表的结构中。首先使用['books']检索图书列表，接着使用[1]选择列表中的项目 1(第二项)，然后使用['title']选择第二本书的标题。

下一节中，我们将学习如何使用 Web 服务将有关天气的信息从 Internet 检索到 Python 程序中。

6.4　Internet

除了拥有大量网页外，互联网也拥有程序所需的大量信息，而不仅限于浏览器浏览。从汇率、股票价格到天气预报，这些网络服务几乎无所不包。服务器上用于此类 Web 服务的软件统称为 API(Application Programming Interface，应用程序编程接口)，API 通常使用 JSON 作为与程序通信的方式。

例如，一个名为 weatherstack.com 的 Web 天气服务。与许多这样的 Web 服务一样，只要你对它没有太多要求，都可以免费使用。但是，必须先注册并开设一个账户。weatherstack 也不例外，因此，要尝试此示例，需要在 https://weatherstack.com/注册一个账户。

毫无疑问，weatherstack 需要知道谁在使用它的 API，因此如果要从程序中访问它，需要在每个 Web 请求中包含你的个人密钥。注册后，单击 Dashboard 按钮(图 6-3)，即可找到 weatherstack 密钥。

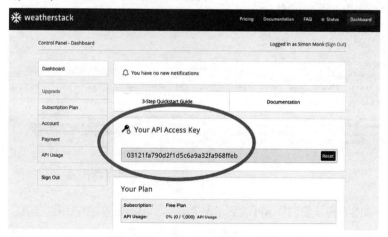

图 6-3　在 weatherstack 中查找 API 密钥

你需要复制此密钥并将其粘贴到程序 06_05_weather.py 的 "key=" 行中，然后运行该程序。

```
#06_05_weather
import json
import urllib.parse, urllib.request

url = 'http://api.weatherstack.com/current'
city = urllib.parse.quote('San Francisco')
key = 'paste_your_key_here'

response = urllib.request.urlopen(url + '?access_key=' +
    key + '&query=' + city)
j = json.load(response)

print(j)
```

然后，可以看到图 6-4 所示的输出。在这里可以将城市更改为你的城市。

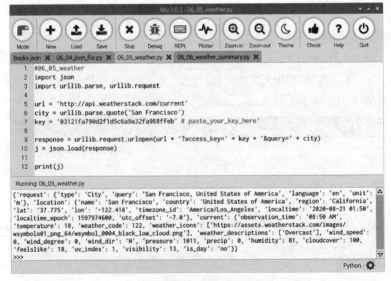

图6-4   调用 weatherstack API

如你所见，我们从 API 收到了大量信息，可以在程序中使用这些信息。该程序使用 urllib 库执行 Web 请求，并与 weatherstack 的 API 联系，因此必须导入该库。这里使用了三个变量，这些变量将被组装成完整的 URL 并发送到 API。它们是基础 URL、API 密钥(将你的密钥粘贴到此处)和城市。URL 中不能有空格，但某些城市名称(如 San Francisco)中有空格。因此，使用方法 urllib.parse.quote 将空格转换为 URL 中预设的%20 转义字符。

方法 urllib.request.urlopen 将打开一个到 API 的连接，就像你在机器上打开一个文件一样，然后 json.load 将其转换为图 6-4 所示的 json 结构。

我们可能不想看到所有这些信息，因此可以导航到 JSON，然后通过将程序的最后一行替换为以下内容来提取摘要：

```
print(j['current']['weather_descriptions'][0])
```

现在，当运行该程序时，它只会显示一条类似以下内容的消息：

```
Partly cloudy
>>>
```

当你想要使用一个这样的 Web 服务时，可以先看看此 API 的相应文档，这样就可以知道需要处理哪种 JSON。

6.5 本章小结

本章介绍了 Python 使用文件和访问网页的基本知识。实际上，有关 Python 和 Internet 的知识还有很多，包括访问电子邮件和其他 Internet 协议。有关这方面的更多信息，请查看位于 http://docs.python.org/release/3.1.5/library/internet.html 上的 Python 文档。

第7章
图形用户界面

到目前为止，我们所做的一切都是基于文本的。事实上，我们的 Hangman 游戏在 20 世纪 80 年代的家用电脑上还不显得过时。本章将向你展示如何使用合适的图形用户界面(Graphical User Interface，GUI)创建应用程序。

7.1 guizero

有许多 Python 库可用于创建 GUI，但最容易入门的要数 guizero。guizero 是由 Laura Sach 和 Martin O'Hanlan 在树莓派基金会创建的。

guizero 包预装在树莓派 OS 的新版本上，因此它已经预装好，我们可以直接使用。但是，最好通过在终端中运行以下命令来确保你拥有最新版本。

```
$ sudo pip3 install --upgrade guizero
```

7.2 Hello World

根据传统的经验，当使用一种新语言或系统编写第一个程序时应做一些较小的尝试，先确保一切可以正常工作！这就如初学者所做的，让程序显示一个"Hello World"消息(见图 7-1)。如前所述，我们在第 3 章中已经为 Python 做了这项工作，这里再次从使用这个程序开始。请在 Mu 中打开它，然后运行它。

图 7-1   guizero 中的 Hello World

```
#07_01_hello.py

from guizero import App, Text
app = App()
Text(app, text="Hello World")
app.display()
```

我们从 guizero 库导入两项：App 代表应用程序窗口，Text 代表一个文本标签，我们将用它来保存 Hello World 文本。首先，一个新 App 被创建并被分配给变量 app。然后我们制作了一个 Text，将 app 作为其第一个参数传递给它，文本标签将显示在应用程序窗口中。最后，我们调用 app.display()使窗口可见。

可以单击右上角的"x"关闭窗口，或从 Mu 停止程序。

7.3　温度转换器

为了学习如何使用 guizero，可以一步步地构建一个简单的应用程序，该应用程序为温度转换提供一个 GUI(见图 7-2)。此应用程序将使用我们在第 5 章中创建的 converter 模块进行计算。

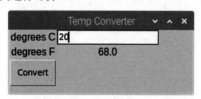

图 7-2　最终的温度转换器用户界面

第一步是制作一个类似图 7-2 但实际上什么都不做的用户界面：

```
#07_02_temp_gui.py

from guizero import *

app = App(title="Temp Converter", layout="grid",
          width=300, height=100)
Text(app, text="degrees C", grid=[0,0])
degCfield = TextBox(app, grid=[1,0], width="fill")

Text(app, text="degrees F", grid=[0,1])
degFfield = Text(app, grid=[1,1]

button = PushButton(app, text="Convert", grid=[0,2])

app.display()
```

首先，需要从 guizero 导入一些项目，为简单起见，我们直接从它导入所有的内容(*)。然后，创建一个应用程序，就像我们为 Hello World 应用程序所做的那样，但这次我们在创建 App 时提供了一些额外的参数。一个是出现在窗口标题区域的 title，还有设置原始窗口大小的 width 和 height (以像素为单位)。

另一个参数(layout=“grid”)表示我们将在网格中布局窗口上的组件。这意味着添加到屏幕上的每个组件都必须指定其网格位置。你可以在第一个文本标签(摄氏度 C)中看到这一点，该标签指定了[0,0]的网格位置，该位置表示左上角。

图 7-3 显示了如何在网格中布局该程序的组件。

通过使用网格布局，可以将字段排列成列和行。该网格布局有三行两列。第一行包含以摄氏度 C 为单位表示的输入温度的标签和字段。第二行有一个标签和字段，以华氏温度显示结果，第三行只包含按钮。

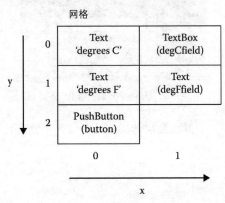

图 7-3　用户界面的结构

当指定网格坐标时，可以使用包含两个元素的数组。第一个元素是 x 位置(列)，第二个元素是 y 位置(行)。x 位置从 0 开始从左向右移动，y 位置(行)从 0 开始，从窗口顶部开始向下移动。

要使 degCfield 变大，可通过属性 width="fill" 放大控件以填充单元格。

上面的示例代码包含了一个标签为 Convert 的按钮，但是如果单击它，不会发生任何事。现在我们有了该示例的用户界面，是时候让它执行实际的转换操作了。下面列出了该程序的最终版本，并以粗体突出显示所添加的内容。

```
#07_03_temp_final.py

from guizero import *
from converters import ScaleAndOffsetConverter

c_to_f_conv = ScaleAndOffsetConverter('C', 'F', 1.8, 32)
```

```
def convert():
    c = float(degCfield.value)
    degFfield.value = str(c_to_f_conv.convert(c))

app = App(title="Temp Converter", layout="grid",
    width=300, height=100)
Text(app, text="degrees C", grid=[0,0])
degCfield = TextBox(app, grid=[1,0], width="fill")

Text(app, text="degrees F", grid=[0,1])
degFfield = Text(app, grid=[1,1])

button = PushButton(app, text="Convert", grid=[0,2],
command=convert)

app.display()
```

虽然导入模块对于一个简单的算术来说有些多余，但我们还是使用第 5 章中创建的 converters 模块。在这个模块中，我们导入 ScaleAndOffsetConverter，并创建一个将摄氏度转换为华氏度的实例。

单击 Convert 按钮时，程序将调用新函数 convert。它读取在 degCfield 中输入的任何文本，并将其从字符串转换为浮点数。注意：这里没有检查字段中输入的是否是数字，因此输入非数字将导致错误。你可以通过为这种情况添加错误处理来改进程序。转换器对要在 degFfield 中显示的值进行计算，然后在赋给字段值之前将其转换为字符串。

除按钮定义中的附加属性 command 外，其余代码与上一示例相同。这样就将转换功能与按钮进行了连接。

7.4　其他 GUI Widget

在温度转换器中，我们只使用了文本字段(类 TextBox)和标签(类 Text)。正如你所期望的，可以在应用程序中构建许多其他的用户界面控件。图 7-4 显示了 Kitchen Sink 应用程序的主界面，该应用程序展示了可在 guizero 中使用的大多数控件。此程序可从 07_04_kitchen_sink.py 获得。

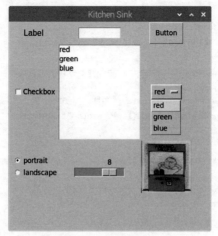

图 7-4   Kitchen Sink 用户界面

以下是此程序的代码：

```
#07_04_kitchen_sink.py

from guizero import *

app = App(title="Kitchen Sink", layout="grid",
    width=400, height=400)
# Row 0
Text(app, text="Label", grid=[0,0])
TextBox(app, grid=[1,0])
PushButton(app, text="Button", grid=[2,0])

# Row 1
CheckBox(app, text="Checkbox", grid=[0,1])
ListBox(app, items=["red", "green", "blue"], grid=[1,1])
Combo(app, options=["red", "green", "blue"], grid=[2,1])

# Row 2
ButtonGroup(app, options=["portrait", "landscape"],
selected="portrait", grid=[0,2])
Slider(app, start=0, end=10, grid=[1,2])
Picture(app, image="prog_pi_ed3/test.png", width=100,
    height=100, grid=[2,2])
app.display()
```

从这里开始，你就可以构建自己的界面了，但很快就会用到更改控件的对齐方式、调整字体大小和其他方面的知识。你可以在 guizero 官方文档中找到关于如何执行这些操作的文档：https://lawsie.github.io/guizero。

guizero 提供的一个非常有趣的控件是 Drawing。它允许以多种颜色绘制形状和文本。图 7-5 显示了可以使用 Drawing 执行的操作。

图 7-5 Hello World 界面

下面是创建图 7-5 的代码清单：

```
#07_05_drawing.py

from guizero import *

app = App(width=400, height=200)
drawing = Drawing(app, width="fill", height="fill")
drawing.rectangle(20, 20, 300, 100, color="blue")
drawing.oval(30, 50, 290, 190, color='#ff2277')
drawing.line(0, 0, 400, 200, color='black', width=5)
drawing.text(20, 100, "Hello World", color="green",
    font="Times", size=48)
app.display()
```

在此例中，根据填充的宽度和高度创建了 Drawing，它可以根据这些信息填充窗口。尽管程序会在图形上写入一些文本，但其工作原理与真正的文本完全不同。真正的文本可以更改它的值，并在屏幕上看到更改的结果，但我们在图形上放置的任何文本都无法更改，除非你想在文本图形的同一区域上小心翼翼地重新描画一遍。

7.5　弹出式窗口

在设计程序时，通常需要在窗口上显示弹出式的通知。或者，你可能需要向用户询问一个问题，例如确认某些操作。guizero 中有大量此类弹出窗口供你使用。图 7-6 显示了常见的 yes/no 类型的弹出窗口。

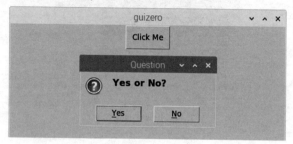

图7-6　窗口示例

下面是它的代码：

```
#07_06_yes_no.py

from guizero import *

def ask():
    if yesno("Question", "Yes or No? "):
        info("Result", "You clicked Yes")
    else:
        warn("Result", "You clicked No")

app = App()
button = PushButton(app, text="Click Me", command=ask)
app.display()
```

该代码实际上演示了三种类型的弹出式窗口。主窗口仅包含一个按钮，单击该按钮后运行 ask 函数。这里使用第一种弹出式窗口(yesno)来显示图 7-6 所示的小窗口，该窗口有一个问题标题和一条消息"Yes or No？"。函数 yesno 返回一个布尔值：如果单击了 Yes 按钮，则返回 true，否则返回 false。如果单击 Yes 按钮，则信息(info)弹出窗口会显示消息"You clicked Yes"。另一方面，如

果单击了 No 按钮，则警告(warn)弹出窗口会显示消息"You clicked No"。info
和 warn 之间的区别在于，warn 还会显示一个带有消息的警告图标。

还有许多其他类型的弹出式窗口，下面列出常用的弹出式窗口。你可以在
https://lawsie.github.io/guizero/alerts/中找到有关使用它们的完整文档。

- warn
- info
- error
- yesno——返回 True 或 False
- question——返回用户在回答问题时输入的字符串
- select_file——允许选择文件
- select_folder——允许你选择文件夹

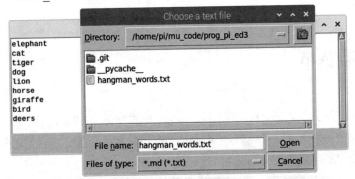

图 7-7　"select_file"对话框

下面的示例使用 select_file 对话框读取文件，并使用 TextBox 显示文件的内
容。可以在图 7-7 中看到这一操作。

```
#07_07_file_viewer

from guizero import *

def ask():
    filename = select_file(title="Choose a text file",
        filetypes=[["*.md", "*.txt"]])
    if not filename:
        print("No file selected")
```

```
        else:
            read_file(filename)

def read_file(filename):
    f = open(filename)
    text = f.read()
    f.close()
    text_area.value = text

app = App(width=600, height=200)
text_area = TextBox(app, width="fill", height=10,
    multiline=True, scrollbar=True)
button = PushButton(app, text="Open", command=ask)
app.display()
```

作为练习，你可以在此程序中添加一个 Save 按钮，从而可以用它来编辑第 4 章中编写的 Hangman 程序的单词。

7.6   菜单

guizero 还提供了一种向应用程序添加菜单的方法。图 7-8 显示了文件查看器程序的一个修改版本，该程序将 Open 按钮替换为一个菜单。我们还在菜单中添加了一些额外的选项(Save 和 Quit)。

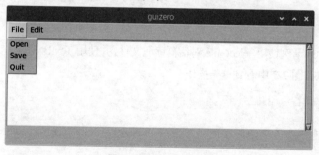

图 7-8   guizero 中的菜单

如果你想亲自运行这个应用程序，可以打开并运行 07_08_file_viewer_menu.py。代码的重点在于窗口的菜单栏由应用程序定义：

```
menubar = MenuBar(app,
    toplevel=["File", "Edit"],
    options=[
        [["Open", ask_file], ["Save", save_file],
            ["Quit", quit_app]],
        [["Find", find]]
            ])
```

MenuBar 控件有两个参数。第一个参数(toplevel)包含一个字符串列表，这些字符串是显示在窗口顶部菜单栏中的菜单名称。第二个参数(options)包含各个菜单选项，这些选项被分组到每个菜单名称的列表中。每个选项本身都是一个列表，其中包含要显示的选项的名称以及选中该菜单选项时要调用的函数的名称。

注意 Quit 菜单项如何调用 app.destroy 方法来关闭窗口。

7.7　本章小结

guizero 库还包含很多内容，因此推荐你浏览文档 https://lawsie.github.io/guizero。

在本书的其他地方还会使用 guizero。

第8章
游 戏 编 程

很明显，仅靠一章的内容并不能让你成为游戏编程的专家。市面上有许多书籍专门介绍 Python 中的游戏编程，例如 Will McGugan 的 *Beginning Game Development with Python and Pygame*。本章将介绍一个名为 pygame 的非常方便的库，通过该库可以让你了解如何构建一个简单的游戏。

8.1　pygame 简介

pygame 是一个库，它使得利用树莓派编写游戏变得更容易，而且更强大的是它可以为所有运行 Python 的计算机编写游戏。这个库之所以有用，是因为大多数游戏都有某些相同的元素，编写游戏时也会遇到一些相同的困难。而像 pygame 这样的库之所以能消除这些痛苦，是因为真正擅长 Python 和游戏编程的人已经创建了一个很好的小程序包，使我们编写起游戏来更容易。pygame 尤其在以下方面为我们提供了很好的帮助：

- 可以绘制不闪烁的图形。
- 可以控制动画，使其以相同的速度运行，无论是在树莓派还是在顶级游戏 PC 上运行。
- 可以捕捉键盘和鼠标事件来控制游戏。

8.2 坐标

使用 guizero 时，我们利用网格布局来控制窗口中要显示的内容，因此不需要知道显示内容的确切位置。但在 pygame 中，坐标被设置为相对于窗口左上角的 X 值和 Y 值。X 值从左到右，Y 值从上到下。图 8-1 展示了 pygame 坐标系。

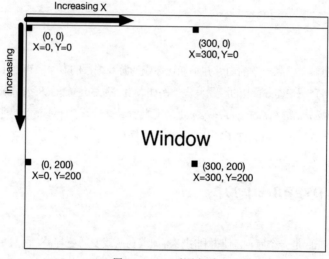

图 8-1 pygame 的坐标系

坐标通常表示为一个元组，X 值在前面。所以(100，200)是 X=100，Y=200 所对应的点。

8.3 Hello Pygame

图 8-2 显示了 pygame 中的 Hello World 应用程序的外观，下面是程序的代码清单：

```
#08_01_hello_pygame.py
```

```
import pygame

pygame.init()

screen = pygame.display.set_mode((200, 200))
screen.fill((255, 255, 255))
pygame.display.set_caption('Hello Pygame')
ball = pygame.image.load('prog_pi_ed3/raspberry.jpg').
    convert()
screen.blit(ball, (100, 100))

pygame.display.update()
```

图 8-2　Hello Pygame

这是一个非常粗糙的例子，它没有好的退出方式。单击 Mu 中的 Sop 按钮，几秒钟后该程序将停止。

查看这个示例的代码，可以发现我们要做的第一件事是导入 pygame。接下来，运行 init 方法(initialize 的缩写)来设置 pygame 以使其可用。然后，使用以下代码定义一个名为 screen 的变量：

```
screen = pygame.display.set_mode((200, 200))
```

该行代码创建一个 200×200 像素的新窗口。在为 Hello Pygame 窗口设置标题之前，在下一行代码中用白色(颜色值为 255，255，255)来填充它。

一般游戏都使用图形界面，这通常意味着需要用到图像。在本例中，将图像文件读入 pygame：

```
raspberry = pygame.image.load('prog_pi_ed3/raspberry.
    jpg').convert()
```

在本例中，图像是一个名为 raspberry.jpg 的文件，它与本书中的所有其他程序一起都可从本书的配套网站中下载。行尾对 convert()的调用非常重要，因为它将图像转换为高效的计算机内部表示形式，使其能够快速绘制，这决定了我们在窗口中移动图像时是否顺畅。

接下来，使用 blit 命令在屏幕上的坐标"100，100"处绘制树莓图像。与第 7 章中遇到的 guizero 画布一样，坐标从屏幕左上角的 0 开始。

最后一个命令告诉 pygame 需要刷新屏幕显示，以便我们能看到图像。

8.4   树莓游戏

为了展示如何用 pygame 来制作一个简单的游戏，我们将一步步地编写一个用勺子去接掉落下来的树莓的游戏。树莓以不同的速度落下，必须在它落地之前用勺子的头端接住。图 8-3 显示了这个已完成的游戏。虽然它很简单，但很实用。希望你能掌握这款游戏，并在游戏中有所提高。

图 8-3   树莓游戏

8.4.1 跟踪鼠标

现在让我们开始开发游戏，首先创建一个主屏幕，屏幕上有一个勺子，用来跟踪鼠标从左到右的移动。将以下程序加载到 Mu 中：

```
#08_02_rasp_game_mouse

import pygame
from pygame.locals import *

spoon_x = 300
spoon_y = 300

pygame.init()

screen = pygame.display.set_mode((600, 400))
pygame.display.set_caption('Raspberry Catching')

spoon = pygame.image.load('spoon.jpg').convert()

while True:

    for event in pygame.event.get():
        if event.type == QUIT:
            pygame.quit()

    screen.fill((255, 255, 255))
    spoon_x, ignore = pygame.mouse.get_pos()
    screen.blit(spoon, (spoon_x, spoon_y))

    pygame.display.update()
```

Hello World 程序的基本结构仍然保留，但是需要加入一些新东西。首先，程序增加了另一个 import。pygame.locals 的 import 为我们提供了对诸如 QUIT 之类的常量的访问，这些常量可以用来检测游戏何时退出。

我们还添加了两个变量(spoon_x 和 spoon_y)来保存勺子的位置。因为勺子只会从左向右移动，所以 spoon_y 的值始终保持不变。

在程序的末尾是一个 while 循环。每次循环时，我们首先检查 pygame 系统是否有退出事件。每次玩家移动鼠标，按下或释放一个键时，都会产生一个事件。在本例中，我们只对退出(QUIT)事件感兴趣，该事件是由用户单击游戏窗口右上角的关闭图标引起的。我们可以选择不立即退出，而是提示玩家是否真的想退出。下一行通过填充白色来清除屏幕。

接下来是一个赋值，我们将 spoon_x 设置为鼠标 x 位置的值。请注意，尽管这是一个双重赋值，但我们并不关心鼠标 y 的位置，因此通过将第二个返回值赋给一个名为 ignore 的变量来忽略它。然后在屏幕上绘制勺子并刷新屏幕显示。

现在运行程序，勺子应该能跟随鼠标移动。

8.4.2　添加一个树莓

创建游戏的下一步是添加一个树莓。稍后我们将对此进行扩展，以便可以一次落下 3 个树莓，这里我们只落下一个树莓。可在文件 08_03_rasp_game_one.py 中找到此代码清单。

以下是前面版本的更改版：

● 为树莓的位置(raspberry_x 和 raspberry_y)添加全局变量。

● 加载并转换图像 raspberry.jpg。

● 将勺子分离出来定义为一个单独的函数。

● 添加一个名为 update_raspberry 的新函数。

● 更新主循环以使用新函数。

你应该已经很熟悉此列表中的前两项，因此下面从新函数开始介绍：

```
def update_spoon():
    global spoon_x
    global spoon_y
    spoon_x, ignore = pygame.mouse.get_pos()
    screen.blit(spoon, (spoon_x, spoon_y))
```

函数 update_spoon 只须获取 08_02_rasp_game_mouse 中主循环的代码，并将其放入自己的函数中。这样处理有助于减小主循环的大小，以便我们更容易判断发生了什么。

```
def update_raspberry():
    global raspberry_x
    global raspberry_y
    raspberry_y += 5
    if raspberry_y > spoon_y:
        raspberry_y = 0
        raspberry_x = random.randint(10, screen_width)
    raspberry_x += random.randint(-5, 5)
    if raspberry_x < 10:
        raspberry_x = 10
    if raspberry_x > screen_width - 20:
        raspberry_x = screen_width - 20
    screen.blit(raspberry, (raspberry_x, raspberry_y))
```

函数 update_raspberry 更改 raspberry_x 和 raspberry_y 的值。它在 y 位置值上加 5，使树莓在屏幕上向下移动，并在范围-5 和+5 之间随机移动 x 位置。这使得树莓在下降过程中会发生不可预测地摆动。但是，树莓最终会从屏幕底部掉落，因此，一旦其 y 位置值大于勺子的 y 位置值，该函数会将树莓移回顶部置于新的 x 随机位置。

还有一个危险是树莓可能会从屏幕的左侧或右侧消失。因此，还需要两个改进，首先检查树莓是否离屏幕边缘太近，如果离屏幕边缘太近，那么就不允许它们再向左或向右移动。

下面是调用这些新函数的新主循环：

```
while True:
    for event in pygame.event.get():
        if event.type == QUIT:
            pygame.quit()

    screen.fill((255, 255, 255))
    update_raspberry()
    update_spoon()
    pygame.display.update()
```

试运行一下 08_03_rasp_game_one.py。你会看到一个包括基本功能的程序，它看起来像是在玩游戏。然而，当你抓到一个树莓时，什么也不会发生。

8.4.3   捕获检测和计分

我们现在添加一个消息区域来显示分数(即捕获的树莓数量)。为此，必须能够检测到捕获了一个树莓。执行此操作的扩展程序位于文件 08_04_rasp_py_game_scoring.py 中。

此版本的主要改动是增加了两个新函数：check_for_catch 和 display：

```
def check_for_catch():
    global score
    if raspberry_y >= spoon_y and raspberry_x >= spoon_x and \
        raspberry_x < spoon_x + 50:
            score += 1
    display("Score: " + str(score))
```

注意，因为 if 的条件很长，所以使用续行命令(\)分两行显示。

如果树莓掉落到勺子处(raspberry_y >= spoon_y)，且树莓的 x 位置在勺子的 x 位置和勺子的 x 位置加 50(大致为勺子头端的宽度)之间，则 check_for_catch 的数值加 1。

无论是否捕捉到树莓，分数都使用 display 函数来显示。check_for_catch 函数也被添加到主循环中，这是我们每次在循环中必须要做的另一件事。

display 函数负责在屏幕上显示消息。

```
def display(message):
    font = pygame.font.Font(None, 36)
    text = font.render(message, 1, (10, 10, 10))
    screen.blit(text, (0, 0))
```

你可以在 pygame 中通过创建字体(font)在屏幕上写入文本。在本例中，字体没有指定特定的字体系列，只是设置大小为 36 磅，然后通过将字符串 message 的内容呈现到字体上来创建 text 对象。值(10，10，10)是文本颜色。最后，变量 text 中包含的最终结果将以我们常见的方式显示在屏幕上。

8.4.4   计时

你可能已经注意到，这个程序中尚没有方法来控制树莓从天而降的速度。

你也可能已经发现树莓降落很快。它们降落的速度也取决于树莓派的速度，所以在树莓派4中比在树莓派1中降落要快得多。

为了控制速度，pygame有一个内置的时钟，它允许我们将主循环的速度降低到刚好合适的程度，以便每秒执行一定数量的刷新。遗憾的是，它无法加速主循环。这个时钟很好用，只需要将以下行放在主循环之前的某个位置：

```
clock = pygame.time.Clock()
```

这行代码将创建时钟的一个实例。为实现主循环的必要减速，将以下行的代码放在其中的某个位置(通常在末端)：

```
clock.tick(30)
```

在本例中，我们将值设为30，表示每秒30帧的帧速率。你可以在这里输入不同的值，但是超过每秒30帧以上时，人类的眼睛(和大脑)将产生不适。

8.4.5 添加更多树莓

现在我们的程序开始有点复杂了。如果在这个阶段为不止一个树莓添加组件，那么就更难看到发生了什么。因此，我们需要对程序进行重构(refactor)，这意味着需要改变一个构建好的程序并改变其结构，但是不改变它的实际功能也不添加任何功能。我们将通过创建一个名为Raspberry的类来定义一个树莓能完成的所有事。这仍然只适用于一个树莓，但会方便以后处理更多的树莓。此阶段的代码清单可在文件 08_05_rasp_game_refactored.py 中找到。下面是类的定义：

```
class Raspberry:
    x = 0
    y = 0

    def __init__(self):
        self.x = random.randint(10, screen_width)
        self.y = 0

    def update(self):
        self.y += 5
```

```
            if self.y > spoon_y:
                self.y = 0
                self.x = random.randint(10, screen_width)
            self.x += random.randint(-5, 5)
            if self.x < 10:
                self.x = 10
            if self.x > screen_width - 20:
                self.x = screen_width - 20
            screen.blit(raspberry_image, (self.x, self.y))

    def is_caught(self):
        return self.y >= spoon_y and self.x >= spoon_x and \
                self.x < spoon_x + 50
```

在这里，raspberry_x 和 raspberry_y 变量成为新 Raspberry 类的变量。此外，创建树莓实例时，其 x 位置将随机设置。旧的 update_raspberry 函数现在已成为 Raspberry 类的一个方法，称为 update。类似地，check_for_catch 函数现用于询问树莓是否已被捕获。

定义了 Raspberry 类之后，我们创建了它的一个实例，如下所示：

```
r = Raspberry()
```

因此，当想要检查一次捕获动作时，check_for_catch 只是以如下方式询问树莓：

```
def check_for_catch():
    global score
    if r.is_caught():
        score += 1
```

显示分数的调用也从 check_for_catch 函数移到主循环中。现在一切都和以前一样正常，是时候添加更多的树莓了。游戏的最终版本可以在 08_06_rasp_game_final.py 文件中找到。全文如下：

```
#08_06_rasp_game_final

import pygame
from pygame.locals import *
import random
```

```python
score = 0

screen_width = 600
screen_height = 400

spoon_x = 300
spoon_y = screen_height - 100

class Raspberry:
    x = 0
    y = 0
    dy = 0

    def __init__(self):
        self.x = random.randint(10, screen_width)
        self.y = 0
        self.dy = random.randint(3, 10)

    def update(self):
        self.y += self.dy
        if self.y > spoon_y:
            self.y = 0
            self.x = random.randint(10, screen_width)
        self.x += random.randint(-5, 5)
        if self.x < 10:
            self.x = 10
        if self.x > screen_width - 20:
            self.x = screen_width - 20
        screen.blit(raspberry_image, (self.x, self.y))

    def is_caught(self):
        return self.y >= spoon_y and self.x >= spoon_x

            and self.x < spoon_x + 50
clock = pygame.time.Clock()
rasps = [Raspberry(), Raspberry(), Raspberry()]

pygame.init()

screen = pygame.display.set_mode((screen_width, screen_height))
pygame.display.set_caption('Raspberry Catching')
```

```
spoon = pygame.image.load('prog_pi_ed3/spoon.jpg').convert()
raspberry_image = pygame.image.load('prog_pi_ed3/raspberry.jpg').
convert()

def update_spoon():
    global spoon_x
    global spoon_y
    spoon_x, ignore = pygame.mouse.get_pos()
    screen.blit(spoon, (spoon_x, spoon_y))

def check_for_catch():
    global score
    for r in rasps:
        if r.is_caught():
            score += 1

def display(message):
    font = pygame.font.Font(None, 36)
    text = font.render(message, 1, (10, 10, 10))
    screen.blit(text, (0, 0))

while True:
    for event in pygame.event.get():
        if event.type == QUIT:
            pygame.quit()

    screen.fill((255, 255, 255))
    for r in rasps:
        r.update()
    update_spoon()
    check_for_catch()
    display("Score: " + str(score))
    pygame.display.update()
    clock.tick(30)
```

要创建多个树莓，需要将单个变量 r 替换为一个名为 rasps 的集合：

```
rasps = [Raspberry(), Raspberry(), Raspberry()]
```

这段代码创建了 3 个树莓。我们可以在程序运行时通过向列表中添加新的树莓(或者删除一些树莓)来动态更改它。

现在我们需要做一些其他的改变来处理不止一个树莓。首先，在

check_for_catch 函数中，现在需要循环所有树莓，并询问每个树莓是否已被捕获(而不仅仅是单个树莓)。其次，在主循环中，我们需要通过循环来显示所有树莓，并确保每个树莓能不断更新。

8.5 本章小结

有了本章的基础，你可以学习更多关于 pygame 的知识。官方网站 www.pygame.org 上有许多资源和游戏示例，你可以下载使用或进行修改。

第**9**章
硬 件 接 口

在树莓派的一侧有两行引脚。这些引脚被称为 GPIO(通用输入/输出)连接器，它们允许你将电子硬件连接到树莓派，以替代 USB 端口。

目前，制造商和教育社区已创建了许多扩展的和原型面板，可以将它们连接到树莓派以添加你自己的电子产品。这些电子产品包括从简单的温度传感器到继电器的所有器件。你甚至可以把你的树莓派转换成机器人的控制器。

在本章中，我们将探讨使用 GPIO 连接器将树莓派连接到电子设备的各种方法。由于这是一个快速发展的领域，自本章撰写以来，不断地有新产品进入市场。因此，想了解最新的产品和方法到互联网搜索一下便知。本章会介绍一组最具代表性的硬件连接方法，因此，即使没有完全相同的版本可用，你也能举一反三，知道方法是什么以及如何使用它。

9.1 GPIO 引脚连接

从树莓派 2 开始，树莓派的所有版本都有两行引脚，每行 20 个，总共 40 个引脚，而最初版本的树莓派在 GPIO 头上只有 26 个引脚。为了保持兼容性，树莓派 2 和更高版本的前 26 个引脚与旧版树莓派的引脚相同。换句话说，树莓派 2、3 和 4 能够提供一些额外的引脚。

在图 9-1 中，树莓派 4 的 GPIO 引脚上有一个 GPIO 模板，用于标记每个引脚。图 9-1 所示的模板是树莓叶(Raspberry Leaf)。其他模板也可使用。

图 9-1   树莓派型号 4

9.1.1   引脚函数

图 9-2(a)显示了树莓派 2 以及更高版本的引脚名称，它们与树莓派 B+、树莓派 A+的引脚名称相同，对于发布的任何新型号的树莓派，其引脚名称都可能会保持大致相同。图 9-2(b)显示了旧款树莓派型号 A 和型号 B 的引脚名称。

标有数字的引脚都可以用作通用输入/输出引脚。也就是说，它们中的任何一个都可以直接设置为输入或输出。如果该引脚设置为输入，则可以测试该引脚是否设置为"1"(高于约 1.7V)或"0"(低于 1.7V)。请注意，所有的 GPIO 引脚都是 3.3V 引脚，将它们连接到更高的电压可能会损坏树莓派。

当设置为输出时，引脚可以是 0V 或 3.3V(逻辑 0 或 1)。由于引脚只能提供或吸收少量电流(假定 3mA 是安全的)，因此，如果使用高值电阻器(比如 470Ω或更高)，引脚仅可以点亮一个 LED 灯。

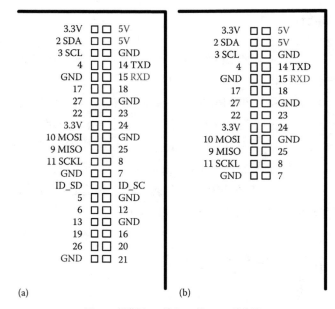

图 9-2　树莓派 40 针和 13 针 GPIO 连接器

9.1.2　串行接口引脚

你可能注意到，一些 GPIO 引脚的名称后面还有其他字母。这些引脚可以用作普通的 GPIO 引脚，也有一些有特殊用途。例如，引脚 2 和引脚 3 还有别名 SDA 和 SCL。它们分别用作称为 I2C 的串行总线类型的时钟和数据线，该串行总线类型常用于与诸如温度传感器、LCD 显示器之类的外围设备通信。

GPIO 引脚 14 和 15 还兼作树莓派串行端口的 TXD 和 RXD(发送和接收)引脚。另一种类型的串行通信可以通过 GPIO 引脚 9 到 11(MISO、MOSI 和 SCLK)实现。这种类型的串行接口称为 SPI。

9.1.3　电源引脚

两个 GPIO 连接器上都有标记为 GND(接地)的引脚。这些引脚都连接到树莓派的接地点或零电压点。其他引脚还用于提供 3.3V 和 5V 电源。将外部电子设备连接到树莓派时，会经常使用这些引脚。

9.1.4　帽针

ID_SD 和 ID_SC 是两个特殊引脚，仅适用于 40 引脚型号的树莓派。这两个引脚是为高级接口标准保留的，它们可以在树莓派 2 和更高版本的 B+和 A+上使用。这个标准称为 HAT(Hardware Attached to Top，硬件附加在顶部)，它不会以任何方式阻止你直接使用 GPIO 引脚；然而，符合 HAT 标准的接口板都可以称自己为 HAT，其特点是 HAT 上必须包含一个用于识别 HAT 的 EEPROM(电可擦除可编程只读存储器)小芯片，这样就可以使树莓派能够自动安装必要的软件。在撰写本文时，HAT 还没有达到这样的成熟度，但这是一个非常好的思想。引脚 ID_SD 和 ID_SC 目前用于与 HAT EEPROM 通信。

9.2　带跨接导线的实验板

无焊料试验板(solderless breadboard)，通常简称为试验板，提供了一种非常有效的连接电子设备和树莓派的方法。不需要焊接，你只要将电子元件推入试验板，然后使用从树莓派到试验板的专用跨接导线将其连接到树莓派 GPIO 连接器即可。

9.3　数字输出

学习 GPIO 连接器的一个很好的入门方法是连接一个 LED，这样就可以通过 Python 程序打开和关闭它。要连接 LED，需要表 9-1 所示一些部件。

表 9-1　推荐的部件供应商

部件	供应商
无焊料试验板	Adafruit (Product 64), SparkFun (SKU PRT-00112)
阴转阳跨接导线	Adafruit (1954)
红色 LED	Adafruit (299)
470Ω 电阻器(1kΩ 电阻器也可以工作)	MCM Electronics (34-470)

可以很容易购买到具有上述常见部件的电子起动器套件。树莓派的
MonkMakes Project Box 1 包含上面列出的所有部件和一个便于识别引脚的
Raspberry Leaf。你还可以在易趣(eBay)上找到入门工具包,它包含了多种组件,
可以帮助你入门。

警告:确保你的树莓派安全。

树莓派具有非常整齐的 GPIO 引脚。如果不小心,可能会烧坏某个 GPIO
引脚,甚至会毁掉整个树莓派。

在将电子设备连接到树莓派之前,请务必仔细检查接线。尤其要确保 GPIO
引脚和 LED 之间始终使用至少 470Ω 的电阻器。电阻器能将通过 LED 的电流
限制在树莓派可承受的一个安全范围内。

步骤 1　将电阻器放在试验板上

试验板是按行和列排列的。行编号为 1 至 30,列编号为"a"至"j"(在两
个块中)。每一块中特定行的所有孔("a"至"e"或"f"至"j")都通过位于试
验板塑料后面的金属层来连接。因此,将两个部件支腿放在同一行中,就是让
它们电路上连通。

如图 9-3 所示,首先将电阻器的支腿放在第 1 行和第 6 行之间的"c"列上。
电阻器绕哪个方向走线并不重要。

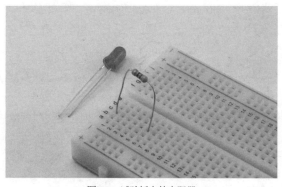

图9-3　试验板上的电阻器

步骤 2   将 LED 灯置于试验板上

LED 灯有一条腿比另一条腿长。较长的腿为正极腿，应接入第 6 行 "e" 列，以连接电阻器的底部引线。LED 的另一条腿(较短的导线)插入第 8 行 "e" 列，如图 9-4 所示。

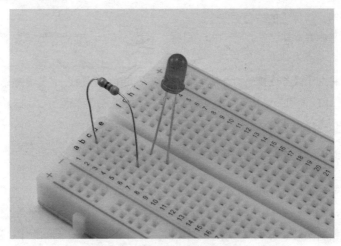

图 9-4   试验板上的电阻器和 LED

步骤 3   将试验板连接到 GPIO 引脚

你将需要两条阴转阳(female-to-male)跨接导线。阳端插入试验板，阴端插入 GPIO 引脚。用不同的颜色标记它们。我这里用黑色和橙色。将第 1 行第 "a" 列的一根导线(比如橙色导线)插入 GPIO 头部的引脚 GPIO 18。该引脚是右侧的第 6 个引脚(见图 9-2)。如果你有一个与 Raspberry Leaf 一样的 GPIO 模板，就更容易知道在哪里建立连接。

另一根跨接导线需要从试验板的第 8 行 "a" 列连接到树莓派的 GPIO 连接器上的一个 GND 连接。我使用的 GND 引脚是 GPIO 连接器右侧的第三个引脚，如图 9-5 所示。

图 9-5　试验板和树莓派的连接

现在 LED 已经连接了，你可以尝试用一些 Python 命令来打开和关闭它。当你执行这样的操作时，只需要在 Mu REPL 或 Python 3 控制台中输入命令。此处假定你正从终端打开 Python3 控制台。

```
$ python3
Python 3.7.3 (default, Dec 20 2019, 18:57:59)
[GCC 8.3.0] on linux
Type "help", "copyright", "credits" or "license" for
more information.
>>>
```

要访问 GPIO 引脚，需要导入一个名为 gpiozero 的库。该库包含在树莓派 OS 中，因此你不需要安装它，只需要输入以下命令将其导入控制台：

```
import gpiozero
>>>
```

LED 连接到引脚 GPIO 18，但目前 guizero 库不知道该引脚是输入还是输出。下一行表示它正在连接到一个 LED 的输出，并被命名为 "led"：

```
>>> led = gpiozero.LED(18)
```

最后，我们进入下一部分，也就是使用以下命令打开 LED：

```
>>> led.on()
```

只要你输入该命令后按 Enter 键，LED 就会亮起。要再次关闭 LED，输入以下命令：

```
>>> led.off()
```

你可以多尝试几次，它很有趣。这个程序非常重要，因为尽管你只是控制一个普通的 LED，但还可以将它用作一个打开和关闭家用灯的继电器，相应的 Python 程序也将成为一个家庭自动化程序。这样我们就在硬件和软件之间建立了重要的联系。

从本书的示例代码中打开程序 09_01_blink.py。如果按照第 3 章中的说明(安装所有示例程序)进行操作，则程序应位于目录/home/pi/mu_code/prog_pi_ed3 中。使用 Mu 运行程序，你将看到 LED 开始闪烁。如果有足够的时间时，可以选择 IDLE console 窗口并按下 CTRL-C 键。

下面是 09_blink.py 的内容。

```
#09_01_blink.py

import gpiozero, time

led = gpiozero.LED(18)

while True:
    led.on()
    time.sleep(0.5)                # delay 0.5 seconds
    led.off()
    time.sleep(0.5)
```

与我们之前的实验相同，该程序首先导入库，也包括 time 库。然后定义一个引脚的变量 led 以用来驱动 LED 灯。并将其初始化为一个输出。

程序的主要部分是一个循环，该循环一直持续到程序退出。首先打开 led 引脚，延迟半秒钟，然后再次关闭，再等待半秒钟，之后再次重复整个循环。

注意，这里我们已经完成了 LED 的 "硬方式" (hard way)闪烁。LED 类有一个名为 blink 的方法，该方法使用两个参数，用于指定 LED 在每个闪烁周期中应打开和关闭的时间。

因此，可以使 LED 按如下方式闪烁：

```
#09_02_blink_easy.py

import gpiozero, time

led = gpiozero.LED(18)

led.blink(on_time=0.5, off_time=0.5)
```

在这种情况下，程序将在设置 LED 为闪烁后继续运行，这与你是否从 Mu
运行无关，但如果你是从终端运行，请在程序末尾添加一行 input()，以保持程
序运行，直到用户按下 Enter 键。否则程序将立即退出，并在再次启动之前停
止闪烁。

9.4 模拟输出

暂时不要拆下 LED 和电阻试验板，因为除了打开和关闭 LED 外，还可以
改变其亮度。

脉宽调制

gpiozero 库用于产生"模拟"输出的方法被称为脉宽调制(Pulse Width
Modulation，PWM)。GPIO 引脚实际上是使用数字输出，但它会产生一系列脉
冲。脉冲的宽度是变化的。脉冲保持在高位的时间比例越大，其输出功率越大，
因此 LED 越亮，如图 9-6 所示。

脉冲处于 HIGH 的时间比例称为占空比，通常用百分比表示。

尽管 LED 实际上只有打开和关闭，但它发生得如此之快，以至于你的眼睛
被欺骗到认为 LED 是根据 PWM 脉冲的长度而变亮或变暗。

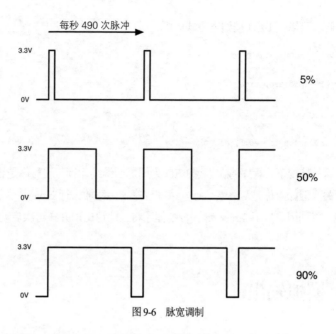

图9-6　脉宽调制

　　如图 9-5 所示，将 LED 连接至引脚 18，打开程序 09_03_pwm.py，然后运行该程序。程序要做的第一件事情是提示你输入介于 1 和 100 之间的亮度级别，如下所示：

```
Enter Brightness (0 to 100):0

Enter Brightness (0 to 100):50

Enter Brightness (0 to 100):100
```

尝试几个不同的值，看看 LED 的亮度如何变化。
以下是此程序的代码：

```
#09_03_pwm.py

import gpiozero

led = gpiozero.PWMLED(18)

while True:
```

```
duty_s = input("Enter Brightness (0 to 100):")
duty = float(duty_s) / 100.0
led.value = duty
```

为了能改变 LED 的亮度，必须使用 PWMLED，而不是使用类 LED 来控制 LED。要改变亮度，只需要将其值设置为 0～1 范围内的数字，其中 0 表示完全关闭，1 表示最大亮度。

主循环会提示你以字符串形式输入亮度，然后将其转换为 0～1 范围内的数字，最后再为 LED 设置新的亮度级别。

9.5　数字输入

正如 LED 适合连接到数字输出一样，开关是最适合连接到数字输入的。

要将开关作为数字输入进行试验，并不需要一个真正的开关或试验板，只需要试验一对阴转阳跨接线即可。如图 9-7 所示，将一根导线连接至 GND，另一根导线连接至引脚 23。

图9-7　作为开关的跨接导线

在 Mu 中打开程序 09_04_switch.py，然后运行它。当你将导线接触在一起时，控制台中会出现一条新的输出线，如图 9-8 所示。

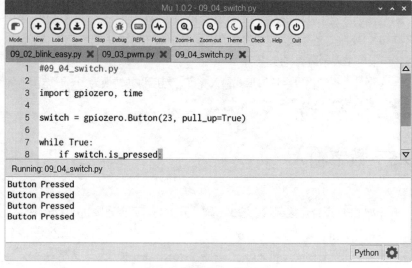

图 9-8　监控数字输入的控制台

下面是这个程序的代码清单。

```
#09_04_switch.py

import gpiozero, time

switch = gpiozero.Button(23, pull_up=True)

while True:
    if switch.is_pressed:
        print("Button Pressed")
        time.sleep(0.2)
```

与上一个 blink 程序一样，这里也包括常用的 import。此开关使用了不同的引脚。如果你愿意，可以使用引脚 18，但如果使用引脚 23，可以保持 LED 仍连接到引脚 18，这样既有输入也有输出。

这一次，我们使用的 gpiozero 类是 Button。它的第一个参数是要使用的引脚, 参数 pull_up 设置为 True。这样做将会在引脚 23 上启用一个内部上拉电阻器, 以保持对输入进行拉高, 除非它连接到 GND, 而 GND 会覆盖该输入。

while 循环包含一个 if 语句, 该语句利用 switch.is_pressed 命名读取数字输入引脚 23。如果读取成功, 则表示输入已连接到 GND(导线已连接), 并显示这个消息。

time.sleep 命令会在这个循环中对任何操作都设置 0.2 秒的延迟, 从而确保屏幕上的消息不会在按下电线时立刻消失。

9.6 模拟输入

树莓派没有模拟输入, 模拟输入是指可以测量电压的输入, 而不是简单地判断电压是否高于或低于某个表示输入为高或低的阈值。但是许多模拟传感器能提供一个输出电压, 且与其测量的对象成比例。例如, 温度传感器芯片(如 TMP36)有一个输出引脚, 其电压随温度而变化。将这种传感器与树莓派结合使用的唯一方法是使用一个 ADC(模数转换器)芯片。

然而, 许多传感器是电阻式的。也就是说, 它们的电阻随测量对象的变化而变化。热敏电阻的电阻随着温度的变化而变化, 而光敏电阻的电阻则取决于落在该电阻上的光量。其他类型的电阻传感器包括气体传感器、压力传感器, 甚至电阻式触摸屏。这些 "电阻性" 传感器也可与树莓派配合使用, 可用于记录电流通过电阻式传感器时所需的时间, 同时将电容器充电到超过数字输入所对应的阈值, 从而使输入的计数结果为 HIGH 而不是 LOW。

9.6.1 硬件

可以用光刻胶在实验板上尝试这种方法。为此, 需要以下组件:

* 半尺寸的试验板(Adafruit PID:64)
* 阴转阳跳线(Adafruit PID:1954)
* 光敏电阻(1kΩ)(Adafruit PID:161)
* 两个 1kΩ 电阻器(MCM 电子 PID:66-1k)

● 330nF 电容器(MCM 电子 PID:31-11864)

所有这些部件也包括在树莓派的 MonkMakes Project Box 1 套件中。虽然本套件中的光敏电阻由光电晶体管替代。

图 9-9 显示了试验板的接线图。试验板的照片如图 9-10 所示。

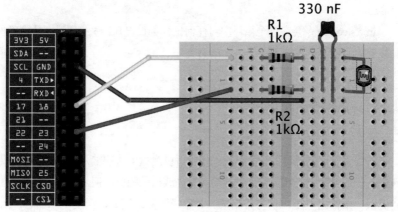

图 9-9   光测量的试验板布局

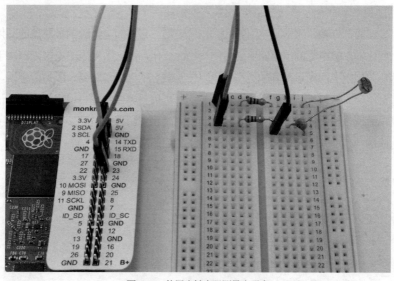

图 9-10   使用光敏电阻测量光强度

所有组件都不需要以特定的方式运行。如果在将电阻器支腿安装到试验板
上之前缩短其长度，则可以保持实验板整洁。

9.6.2 软件

此程序使用名为 PiAnalog 的库，要安装它，需要运行以下命令：

```
$ git clone https://github.com/simonmonk/pi_analog.git
$ cd pi_analog
$ sudo python3 setup.py install
```

以这种方式读取电阻的示例代码可以在文件 09_05_resistance.py 中找到。
运行此程序时，你将在控制台中看到类似下面的输出：

```
3648.04267883

3663.63811493

3608.03699493

10764.3079758

11204.1444778

11019.4854736

3608.94107819

3647.43995667
```

当你用手盖住光敏电阻使其变暗时，电阻读数从 3600 增加到 11 000。
你可以把光敏电阻换成其他类型的电阻或传感器来测量它的值。虽然这种
方法不是很精确，但仍然非常有用。

以下是该程序的代码：

```
#09_05_resistance.py

from PiAnalog import *
import time
```

```
p = PiAnalog()

while True:
    print(p.read_resistance())
    time.sleep(1)
```

正如你所知，所有关键的东西都在库里运行着。要读取电阻，只需要调用 read_resistance 方法。

如果你对这个库的工作方式感兴趣，可以仔细阅读位于 https://github.com/ simonmonk/pi_analog 上的 github 页面以及下面的内容。

电阻测量

要理解背后的工作原理，可以把电容器想象成一个水箱，把电线想象成管道，电阻器和光敏电阻想象成限制管道中水流动的水龙头。

首先，通过将引脚 23 设置为输出和低电平，电容器的电量被清空(水箱中的水被清空)。然后电量通过 R2 从电容器中流出。R2 的作用是确保电量不会快速流出并流入树莓派，从而损坏 GPIO 引脚。

接下来，通过将引脚 23 设置为输入以有效地断开引脚 23，并将引脚 18 设置为高电平(3.3V)，以便电容器通过固定电阻器 R1 和光敏电阻进行充电。当电容器充满时，电容器所处的电压将开始升高。光敏电阻的电阻越低，电容器的填充速度越快。该电压现在由引脚 23 监控，引脚 23 现在作为输入，直到输入电压在约为 1.65V(3.3V 的一半)时变高。测量发生这种情况所需的时间，然后利用它来计算光敏电阻的电阻，这就是亮度级别的一个指示。

图 9-11(a)显示了电容器充电时引脚 23 处电压的示波器轨迹。横轴是时间，纵轴是伏特数。图 9-11(b)显示了相同的情况，但包括了光敏电阻，所以其颜色更深(电阻更高)。如图所示，在黑暗中，电压上升所需的时间可能是原来的 3 倍。

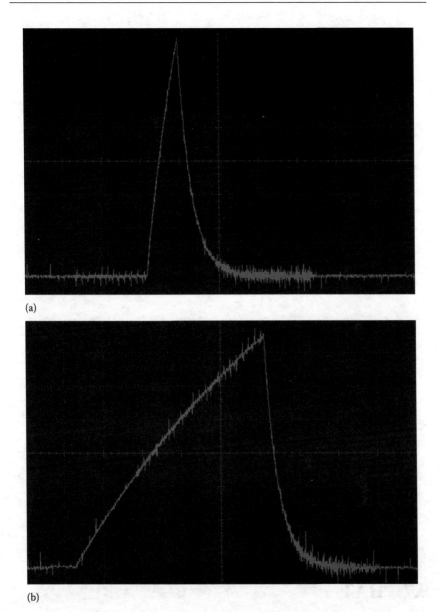

图9-11 (a)明亮时引脚23处的电压 (b) 黑暗时引脚23处的电压

现在我们来谈谈棘手的数学部分。当电容器通过电阻器充电时，电容器电压上升到充电电压的 0.632 所需的时间称为时间常数(T)。根据物理学的知识，T 也等于电阻值乘以电容。

因此，通过以下等式并基于充电到 1.65V(T)的时间可以计算出 T：

$$T = t \times 3.3 \times 0.632$$

我们知道它达到 1.65V 需要多长时间，然后放大一点，看看达到 3.33.3×0.632=2.09V 需要多长时间。现在 T 有一个确定的值。

现在你也知道了：

$$T = (R + R1) \times C$$

其中 R 是光敏电阻的电阻。

重新排列这些，你将得到：

$$R = (T/C) - R1$$

很成功！你得到了光敏电阻的电阻值。

PiAnalog 库对你使用的电阻器和电容器的值进行了一些假设。如果你只是在代码中使用此选项：

```
p = PiAnalog()
```

那么它会假定你使用的是 330nF 的电容器和 1kΩ 的电阻器。可以通过在构造函数中提供可选参数来更改这些值。这些参数如下：

- C——电容器值，单位为μF
- R1——R1 和 R2 的值，单位为Ω
- Vt——接通电压阈值

例如，如果要使用 100nF 的电容器和 10kΩ 的电阻器，则应使用：

```
p = PiAnalog(C=0.1, R1=10000)
```

9.7 HAT

使用树莓派的 GPIO 引脚的另一种方法是使用 HAT。这是一种安装在树莓派的 GPIO 引脚上的附加板。

有许多有趣的 HAT 可供树莓派使用，而且该列表项一直在增加。一些有用的电路板制造商包括 Adafruit 和 Pimoroni 等，他们生产和销售各种电路板，包括显示器、电机控制器和触摸传感器。你还将在第 12 章中遇到电机控制器板。

图 9-12 显示了一种非常流行且有用的树莓派传感 HAT。它有一个显示器和一系列有用的传感器，以及一个易用的 Python 库。可以在 https://www.raspberrypi.org/products/sense-hat/中了解有关传感 HAT 的更多信息。

图 9-12　传感 HAT

9.8　本章小结

在本章中，我们学习了一些将电子设备添加到树莓派项目中的简单方法。在接下来的三章中，我们将使用试验板和跳线来创建项目，并使用电机控制器 HAT 作为小型巡游机器人的基础。

第10章
LED 光量控制器项目

我们将设计 3 个项目来利用 Python 和 GPIO 引脚控制 RGB LED 的灯光颜色，本章介绍的是其中的一个项目。该项目结合使用 guizero 库创建用户界面和利用 gpiozero 库的 PWM 功能来控制 LED 三个通道(红色、绿色和蓝色)的亮度。

图 10-1 显示了内置在试验板上的 LED 硬件，图 10-2 显示了用于控制树莓派上 LED 的用户界面。

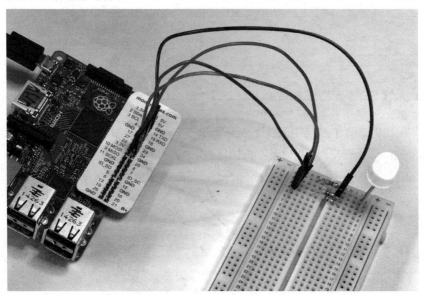

图 10-1 连接到树莓派的 RGB LED

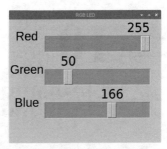

图 10-2   用于控制 LED 的 guizero 用户界面

10.1   项目部件

要构建此项目，需要以下几个部件，表 10-1 列出了推荐的部件供应商，但你也可以搜索 Internet 通过其他渠道找到这些部件。

表 10-1   推荐的部件供应商

部件	供应商
无焊试验板	Adafruit (Product 64), Sparkfun (SKU PRT-00112), Maplin (AG09K)
阴转阳跨接导线	Adafruit (1954), Sparkfun (PRT-09385)
RGB 共阴极发光二极管	Sparkfun (COM-105)
3×470Ω 电阻器(1kΩ 电阻器也适用)	MCM Electronics (34-470)

树莓派的 Project Box 1 包括所有这些部件。还可以使用一个 Raspberry Squid、一个带有内置电阻器的 RGB LED，它可以直接插入树莓派的 GPIO 引脚。你可以在 https://github.com/simonmonk/squid 上找到有关制作 Raspberry Squid 的说明。

10.2   硬件组装

项目的试验板布局如图 10-3 所示。

如果缩短电阻引线，使其平放在试验板表面上，那么可使各部件保持整洁，并防止引线之间的任何意外连接。

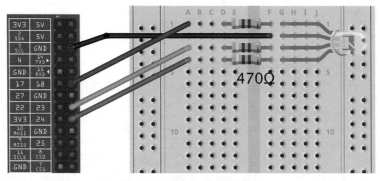

图 10-3　RGB LED 的试验板布局

RGB LED 的一个支腿比其他支腿长。这是一个"普通"的接头。当你购买 RGB LED 时，请确保它被指定为"公共阴极"。这意味着红色、绿色和蓝色 LED 元件的负极端头都连接在一起。

10.3　软件

本项目与第 9 章中的实验有一些相似之处。在第 9 章中，我们通过输入一个 0 和 100 之间的值来控制一个红色 LED 的亮度。但在本项目中，不是输入数字，而是使用 guizero 创建一个用户界面，它包含一个拥有 3 个滑块的窗口。每个滑块控制不同通道的亮度，因此你可以混合红色、绿色和蓝色灯光以生成任何颜色。

程序运行几分钟后，将出现图 10-2 所示的窗口。尝试调整滑块并注意观察 LED 颜色的变化。注意，具有漫反射体的 LED 比具有透明体的 LED 能更好地混合颜色。

你可以在本书的示例中找到该程序的文件 10_01_RGB_LED.py。与其在这里列出整个程序，不如在 Mu 中打开它，同时我们将代码分成几节进行介绍。

首先，程序从通常的导入开始。

```
from gpiozero import RGBLED

from guizero import App, Slider, Text

from colorzero import Color
```

gpiozero 类 RGBLED 用于将引脚 18、23 和 24 分别与红色、绿色和蓝色 LED 通道关联，3 个变量 red、green 和 blue 被定义并设置初始值 0。

```
rgb_led = RGBLED(18, 23, 24)
red = 0
green = 0
blue = 0
```

接下来，我们有三个函数：red_changed、green_changed 和 blue_changed。移动各自的滑块时，将调用相应的函数。以下是红色通道的代码：

```
def red_changed(value):

    global red
    red = int(value)
    rgb_led.color = Color(red, green, blue)
```

这个代码首先将全局变量 red 的值设置为转换后的数字值，即将传递给它的参数转换成数值。然后将 RGBLED(rgb_led)的颜色设置为从当前红色、绿色和蓝色成分创建的新颜色。这些都是标准颜色，定义为红色、绿色和蓝色分量，每个分量的值介于 0 和 255 之间。

以下是用户界面本身的代码，它排列在网格中：

```
app = App(title='RGB LED', width=500, height=400,
    layout='grid')

Text(app, text='Red', grid=[0,0]).text_size = 30
Slider(app, command=red_changed, end=255, width=350,
    height=50, grid=[1,0]).text_size = 30
Text(app, text='Green', grid=[0,1]).text_size = 30
Slider(app, command=green_changed, end=255, width=350,
    height=50, grid=[1,1]).text_size = 30
Text(app, text='Blue', grid=[0,2]).text_size = 30
Slider(app, command=blue_changed, end=255, width=350,
    height=50, grid=[1,2]).text_size = 30
```

```
app.display()
```

请注意如何使用 text_size 方法使文本变大，滑块的命令参数与相应的颜色
更改函数是如何关联的。

10.4　本章小结

这是一个简单的项目，但它可以让你开始实践一些简单的 GPIO 编程。在
第 11 章中，我们将学习一个显示模块，使用 I2C 串行接口连接到树莓派并制作
数字时钟。

第11章
原型项目(时钟)

在本章中，我们将构建一个被视为过度设计的 LED 数字时钟。该时钟将使用一个树莓派、一个试验板和一个四位 LED 显示屏(见图 11-1)。

在设计的第一阶段，项目仅显示时间。但是，第二个阶段通过添加一个按钮来进行扩展，当按下该按钮时，将在"小时/分钟""秒"和"日期"之间进行显示模式的切换。

图 11-1   使用树莓派创建的 LED 时钟

11.1   项目部件

要构建此项目，需要以下部件。表 11-1 列出了推荐的部件供应商，但也可以自行通过 Internet 搜索。

表 11-1   推荐的部件供应商

部件	供应商
Adafruit 四位七段 I2C 显示器	Adafruit (Product 880)
无焊试验板	Adafruit (Product 64), SparkFun (SKU PRT-00112), Maplin (AG09K)
跨接导线(阳端到阳端)或实心导线	Adafruit (Product 758), SparkFun (SKU PRT-08431), Maplin (FS66W)
跨接导线(阴转阳)	Adafruit (Product 1954), SparkFun (PRT-09385)
印刷电路板安装的推式开关*	Adafruit (Product 367), SparkFun (SKU COM-00097), Maplin (KR92A)

*可选项，仅在第二阶段需要

试验板、跨接导线和开关都包含在树莓派的 Project Box 1 套件中。

11.2   硬件组装

LED 显示模块是作为套件提供，它们必须焊接在一起才能使用。当然，它很容易焊接，在 Adafruit 网站上可以找到有关构造它的详细步骤。该模块的引脚正好可以插入试验板上的孔中。

当将显示器插入试验板时，它只有四个引脚(VCC、GND、SDA 和 SCL)。应把它们对齐，以使 VCC 引脚位于试验板的第 1 行。

在无焊试验板的孔下方是连接条，我们可将特定一行的五个孔连接在一起。请注意，由于电路板位于其中一侧，因此图 11-2 中的行实际上是垂直排列的。

图 11-2 所示为无焊试验板，显示屏的四个引脚位于试验板的一端。

图 11-2 试验板布局

表 11-2 列出了需要连接的地方。

表 11-2 需要连接的地方

建议的接头颜色	连接源头	连接尾部
黑色	GPIO GND	显示器 GND(左起第二个引脚)
红色	GPIO 5V0	显示器 VCC(最左边的引脚)
橙色	GPIO 2 SDA	显示器 SDA(左起第三个引脚)
黄色	GPIO 3 SCL	显示器 SCL(最右边的引脚)

表 11-2 所示的颜色方案仅为建议。但是,我们通常使用红色表示正极电源,黑色或蓝色表示接地连接。

警告: 在这个项目中,我们将一个 5V 显示模块连接到树莓派,不过它通常使用 3.3V。我们能这样做完全是因为此处使用的显示模块仅作为"外围"设备,因此只能监听 SDA 和 SCL 线路。其他 I2C 设备可充当控制器设备,如果它们为 5V,则很可能会损坏你的树莓派。因此,在将任何 I2C 设备连接到树莓派之前,请确保你知道它们会对树莓派造成什么样的后果。

打开树莓派。如果通用的 LED 灯不亮,请立即关闭并检查所有接线。

11.3　软件

现在一切都连接起来了，并且树莓派已经启动了。然而，显示器仍然是空白，因为还没有编写任何软件来使用它。我们将从一个简单的时钟开始，它只显示树莓派的系统时间。树莓派并没有一个实时时钟告诉它现在的时间。但是，如果连接到 Internet，它可以自动从网络时间服务器获取当前时间。

树莓派是在屏幕右上角显示时间。

你可能会发现分钟数是正确的，但小时数是错误的。这可能意味着你的树莓派现在不知道它在哪个时区。这可以通过在树莓派的配置工具中设置时区来解决，可以在 Raspberry Pi Menu 的 Configuration 部分找到该工具(如图 11-3 所示)。

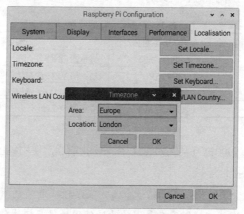

图 11-3　设置树莓派的时区

默认情况下，显示器使用的 I2C 接口是禁用的，因此在使用显示器之前，需要转到 Preferences 菜单中的树莓派配置工具，单击 I2C 旁边的 Enabled 按钮(见图 11-4)，然后单击 OK 按钮启用它。

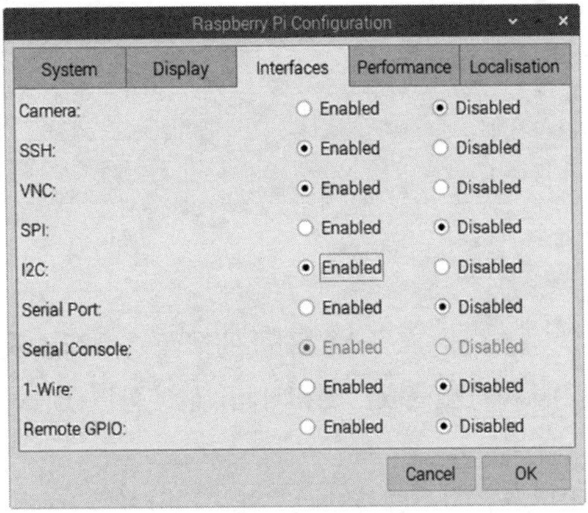

图 11-4 启用 I2C 接口

现在树莓派知道了正确的时间，I2C 总线也可用，我们可以编写一个 Python
程序将时间发送到显示器。Adafruit 已经创建了一些 Python 代码来配合 I2C 显
示器，事实上，它们有一个非常有用的树莓派代码集合，包含在一个名为 blinka
的库中，你需要使用以下命令来下载和安装：

```
$ pip3 install adafruit-blinka
$ pip3 install adafruit-circuitpython-ht16k33
```

运行程序 11_01_clock.py 时，LED 应亮起并显示正确的时间。

你可以在 11_01_clock.py 中找到基本时钟程序。

```
# 11_01_clock.py

import board, time
from adafruit_ht16k33.segments import Seg7x4
from datetime import datetime

i2c = board.I2C()
display = Seg7x4(i2c)
display.brightness = 0.3
show_colon = True

while True:
    now = datetime.now()
    current_time = now.strftime("%H:%M")
```

```
            display.print(current_time)
            if show_colon:
                display.colon = True
                show_colon = False
            else:
                display.colon = False
                show_colon = True
            time.sleep(0.5)
```

　　该程序首先从 Adafruit 库导入它需要的东西来控制显示器。它还导入了 datetime，允许我们从树莓派获取日期和时间，以便可以在时钟程序中使用这些信息。

　　显示模块使用树莓派的 I2C 接口。该接口被分配给一个名为 i2c 的变量，然后该变量作为参数传递给 Adafruit 类 Seg7x4 的构造函数，该类充当显示器本身的接口。

　　显示器的亮度可以设置为 0 到 1 之间的值。在这里，它被设置为三分之一的亮度，因为这个显示非常明亮。

　　变量 show_colon 用于跟踪冒号(colon)在当前是否被显示，以便我们可以使其随着秒数的变化及时闪烁。

　　while 主循环从树莓派获取当前时间，并将其格式化为小时和分钟，然后告诉显示器显示它。冒号在 on 和 off 之间切换，程序最后一行表示延迟半秒，这样就可以确保冒号每半秒在 on 和 off 之间切换一次。

11.4　第二阶段

　　在基本的显示工作正常之后，让我们通过添加一个按钮来对硬件和软件进行扩展，该按钮可以更改显示模式，在以小时和分钟为单位的时间、秒数和日期之间循环。图 11-5 显示了添加开关的试验板以及两条新的接线。注意，我们只是通过添加按钮来对第一阶段的布局进行扩展，其他一切都没有改变。

图 11-5　在设计中添加按钮

注意：在开始对试验板进行更改之前，请关闭树莓派并断开电源。

按钮有四根导线，必须把它们放在正确的位置；否则，开关将始终表现为闭合。导线应从图 11-5 所示的顶部和底部的侧面引出。不必担心，即使开关导线方向错误，也不会损坏任何东西，但显示器会不断地改变模式而不受按钮控制。

连接开关需要两根新电线。一根导线从开关(见图 11-5)连接至显示器的GND。另一根导线连接到 GPIO 接头上标记为 18 的接头。这样做的效果是，只要按下开关上的按钮，树莓派的 GPIO 18 引脚就会接地。

可以在文件 11_02_fancy_clock.py 中找到更新后的软件，我们在此列出了这些代码：

```
# 11_02_fancy_clock.py

import board, time, gpiozero
from adafruit_ht16k33.segments import Seg7x4
from datetime import datetime

switch = gpiozero.Button(23, pull_up=True)
i2c = board.I2C()
display = Seg7x4(i2c)
display.brightness = 0.3
```

```python
show_colon = True
time_mode, seconds_mode, date_mode = range(3)
disp_mode = time_mode

def display_time():
    global show_colon
    now = datetime.now()
    current_time = now.strftime("%H:%M")
    display.print(current_time)
    if show_colon:
        display.colon = True
        show_colon = False
    else:
        display.colon = False
        show_colon = True
    time.sleep(0.5)

def display_seconds():
    now = datetime.now()
    current_seconds = now.strftime(" %S")
    display.print(current_seconds)
    time.sleep(0.5)

def display_date():
    now = datetime.now()
    current_date = now.strftime("%d%m")
    display.print(current_date)
    time.sleep(0.5)

while True:
    if switch.is_pressed:
        disp_mode = disp_mode + 1
        if disp_mode > date_mode:
            disp_mode = time_mode
        if disp_mode == time_mode:
            display_time()
        elif disp_mode == seconds_mode:
            display_seconds()
        elif disp_mode == date_mode:
            display_date()
```

首先要注意的是，因为需要访问 GPIO 引脚 18 以查看按钮是否被按下，所以需要使用 gpiozero 库。

　　循环中的大部分内容已被单独放入一个名为 display_time 的函数。此外，
还添加了两个新函数：display_seconds 和 display_date。这些函数的作用都是不
言自明的。

　　有趣的是，display_date 以美国格式显示日期。如果要将其更改为国际格式，
即月份中的一天放在月份的前面，就需要将第 36 行的格式更改为%d%m。

　　为了跟踪我们所处的模式，在类似下面的行中添加一些新变量：

```
time_mode, seconds_mode, date_mode = range(3)
disp_mode = time_mode
```

　　上面代码中的第一行为 3 个变量中的每一个都提供了不同的数字。第二行
将 disp_mode 变量设置为 time_mode 的值，稍后我们将在主循环中使用该值。

　　主循环已进行了更改，可以确定按钮是否按下。如果是，则对 disp_mode
添加 1 以对显示模式进行循环。如果显示模式已结束，则将其设置回 time_mode。

　　最后，后面的 if 块根据模式选择合适的显示函数，然后调用它。

11.5　本章小结

　　这个项目的硬件可以很容易地用于其他用途。例如，通过修改程序来在显
示器上显示各种各样你能想到的内容，例如以下内容：

- 当前的互联网带宽(速度)
- 收件箱中的电子邮件数量
- 一年中剩余天数的倒计时
- 网站的访问者数量

　　在第 12 章中，我们将构建另一个硬件项目，这次是一个漫游机器人，它
使用树莓派作为自己的大脑。

第**12**章
树莓派机器人

在本章中，你将学习如何使用带电机底盘的树莓派来创建两个版本的漫游车。第一个版本允许使用 Web 界面来控制机器人。第二个版本(见图 12-1)是自动的，漫游车将以随机的方式移动，它使用超声波测距仪来检测前方是否有障碍物。

图 12-1　一个树莓派机器人

在本章中，建议两个项目都使用树莓派 Zero W(见图 12-2)。这款半尺寸的树莓派已经足够强大，可以控制机器人漫游者，它的优点是比树莓派 4 的电池耗电量要少得多，而且成本也要低得多。

12.1　安装树莓派 Zero W

虽然树莓派 Zero W 是一个完全合格的树莓派，但我们仍将它设置为 headless。也就是说，一旦你安装好了一切，就可以从你的计算机上远程使用它，而不需要在它上面添加键盘、鼠标和显示器等。

可以通过多种方法设置 headless 树莓派，但最简单的方法是将其配置为正常连接键盘、监视器和鼠标，配置后再允许其以 headless 方式运行。

所以，首先我们使用 NOOBS 安装 Raspberry Pi OS，就像你在第 2 章中所做的那样。确保你连接到 Wi-Fi，因为如果没有无线网络连接，你将无法在 Raspberry Pi 为 headless 时远程连接到它。

为了远程访问树莓派和使用电机控制器 pHAT，需要对配置进行许多更改。打开树莓派配置工具并切换到 Interfaces 选项卡。然后，在关闭窗口之前，你需要确保选项 I2C、SSH 和 VNC 都已启用(见图 12-2)。

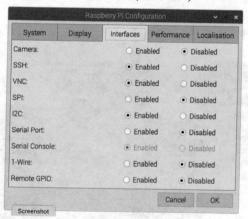

图 12-2　启用本章项目所需的接口

I2C 是树莓派用来与电机控制器通信的接口。这里使用两个 GPIO 引脚向电机控制器发送命令。

SSH(Secure SHell)允许你将命令行工具(如 Windows 上的 Putty 或基于 Linux、Unix 的计算机上的终端)连接到树莓派，使得你可以从另一台计算机远程输入命令，就像你在树莓派上使用终端一样。

VNC(Virtual Network Connection，虚拟网络连接)是 SSH 的图形化等价物，它允许你查看树莓派的监视器上所显示的内容。SSH 是纯文本的，而 VNC 允许你使用计算机的键盘和鼠标来与树莓派交互。在本章中，我们将使用 VNC 而不是 SSH，因为它允许你使用树莓派的图形桌面，这在使用诸如树莓派的配置工具之类时非常有用。

如果你是高级用户并且更喜欢命令行，那么可能更喜欢使用 SSH 而不是 VNC。

虽然你可以让树莓派连接到键盘、鼠标和显示器，但是必须要确保你可以从另一台计算机连接到树莓派。

为此，你需要找到计算机的 IP 地址。可以通过在终端窗口中输入以下命令来查看地址：

```
$ hostname -I
192.168.1.56
```

因此，在本例中，我们的树莓派的 IP 地址是 192.168.1.56。注意，这是一个内部 IP 地址。这意味着只能通过同一家庭互联网 LAN(局域网)内的另一台计算机来访问它。因此不必担心你的树莓派漫游车会被一些恶意的互联网用户接管。

请记下 IP 地址，因为在某些情况下还需要它。

为了能够从第二台计算机访问你的树莓派，需要将 VNC Viewer 应用程序下载到计算机上。最流行的免费 VNC Viewer 适用于大多数操作系统，可以访问 https://www.realvnc.com/en/connect/download/viewer/来下载并安装它，请确保你下载的是 VNC Viewer 应用程序，而不是该站点上提供的 VNC Server。

打开应用程序，在窗口顶部的地址栏中输入树莓派的 IP 地址(见图 12-3)，然后按 Enter 键。接下来，系统会提示你输入用户名(pi)和密码(除非你更改了密码，否则请输入 raspberry)。几分钟后，第二个窗口会出现在你的计算机上，它镜像显示你能在树莓派桌面上看到的所有东西，你可以远程控制树莓派。

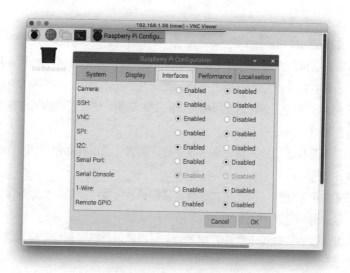

图 12-3   通过 VNC 连接到树莓派

当设备连接到网络时,本地 IP 地址不会永久分配给该设备。这意味着,如果重新启动树莓派或路由器, IP 地址可能会发生变化。这一点很不方便,因为我们必须计算出漫游机器人的新 IP 地址是什么,而如果树莓派是 headless 模式,这个操作将变得更加棘手。解决这个问题的一种方法是告诉网络路由器(家庭集线器),在漫游者上使用的树莓派是特殊的,其本地 IP 地址应该永久分配。此功能通常称为 IP 地址保留,你可以登录到家庭路由器的管理控制台并查找此功能。但是不同的路由器具有不同的管理接口,你可能需要在 Internet 上搜索你的路由器的具体配置方法,以了解如何在特定路由器上执行此操作。在我们的路由器上,其控制界面如图 12-4 所示。

如果幸运的话,该界面可能允许你从连接到网络的设备列表中选择树莓派。如果不方便选择,那么可能要找到你的树莓派的 Wi-Fi 接口的 MAC 地址。可以通过运行以下命令找到此选项:

```
$ ifconfig wlan0
wlan0: flags=4163<UP,BROADCAST,RUNNING,MULTICAST> mtu 1500
       inet 192.168.1.56 netmask 255.255.255.0 broadcast 192.168.1.255
       inet6 fd00::1:d4fc:6035:6395:1578 prefixlen 64 scopeid 0x0<global>
```

```
inet6 fe80::e696:a71b:ee53:6570 prefixlen 64 scopeid 0x20<link>
ether b8:27:eb:80:f8:d1 txqueuelen 1000 (Ethernet)
RX packets 4314 bytes 427704 (417.6 KiB)
RX errors 0 dropped 0 overruns 0 frame 0
TX packets 3850 bytes 2693601 (2.5 MiB)
```

MAC 地址将出现在名称 ether 的旁边，并且在树莓派上以粗体显示(你的地址可能与此类似，但不会雷同)。

一旦拥有了 MAC 地址，就可以将其与要保留的 IP 地址一起输入到路由器的管理控制台中，如图 12-4 所示。从现在开始，每当树莓派使用 Wi-Fi 接口连接到你的网络时，都会为其分配此 IP 地址。

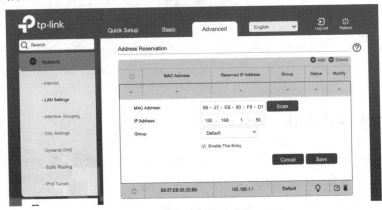

图 12-4　在路由器上为树莓派保留 IP 地址

关闭树莓派，断开键盘、鼠标和显示器的连接，然后再次通电，检查一下你是否仍然可以使用 VNC 从另一台计算机进行连接。

12.2　Web 控制的漫游者

在本项目中，可以使用计算机或智能手机上的浏览器来驾驶漫游者。图 12-5 显示了浏览器窗口。请注意地址栏中的地址是如何表示漫游者的 IP 地址的。

字母 W、A、S、D 和 Z 分别用于标识前进、向左、停止、向右和向后的

按钮，因为键盘上的这些键将与浏览器页面进行交互，所以当从网页控制机器
人时，可以非常方便地使用呈十字排列的键盘。

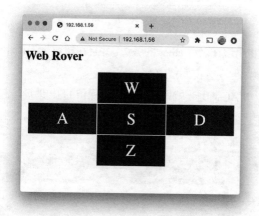

图 12-5 控制机器人的 Web 界面

12.2.1 项目部件

要构建此项目，需要以下几个部件。表 12-1 中列出了推荐的供应商，但你
也可以搜索 Internet 上的其他渠道以获取这些部件。

表 12-1 推荐的部件供应商

部件	供应商
树莓派 Zero W	—
带 4×AA 电池盒的机器人底盘(6V 齿轮电机)	eBay, Amazon, etc.
5V USB 电池组	eBay, Amazon, etc.
树莓派电机驱动器 pHAT	PiHut: 102606
自粘尼龙搭扣垫	文具店

机器人底盘在 eBay 上很常见。可以寻找一下带有 6V 电机的产品。该套件
通常配有可接受 4×AA 电池的电池盒。

本项目将此电机驱动器附加组件用于树莓派：https://www.waveshare.com/
wiki/Motor_Driver_HAT。理论上，该电路板可为树莓派和电机供电，但实际上，
你可能会发现电机在启动时会突然耗尽电池电量，从而导致树莓派重新启动。

因此，如果让树莓派使用 5V USB 电池组而与电机分开供电，能增加项目的可靠性。

使用自粘尼龙将树莓派和电池连接到机器人底盘是一种好方法，如果不需要，也可以很容易地将其卸下。

12.2.2　硬件

不同的电机底盘套件都略有不同。通常，通过查看已完成作品的图片，可以很容易地看出它们是如何组合在一起的，尽管可能会产生一定的试错成本。你还可能会发现驱动车轮的齿轮马达配备有需要焊接到马达上的电线。

制造底盘时先不要让齿轮马达上的车轮转动，这样可以阻止漫游者在测试时自行离开你的工作台。

关闭树莓派电源，将电机控制器 pHAT 安装到树莓派上，注意，要正确地对齐这些引脚。

将 pHAT 上的开关设置为 off，并将导线连接至电机和电池盒，如图 12-6 所示。

图12-6　将电池盒和电机连接至电机控制器

注意，在测试过程中，你可能会发现必须交换电机导线，以使其朝你预期的方向转动。

12.2.3   软件

给你的树莓派通上电。当然，也可以使用它的常规电源，而不是 USB 电池组(如果一切都可以正常工作的话)。但现在就将树莓派和电池盒固定到机箱上可能还为时过早，可以在机箱顶部的所有金属螺栓上贴上胶带，以防止意外短路损坏你的树莓派。

启动树莓派，然后使用 VNC 连接到它。在计算机上的 VNC 窗口中，打开终端并运行以下命令，可以安装此项目使用的 Web 服务器软件(bottle)：

```
$ sudo apt-get install python3-bottle
```

导航到此项目，你可以在 mu_code/prog_pi_ed3/ch12 中找到该项目的程序。使用以下命令运行该程序：

```
$ sudo python3 12_01_rover_web.py
Bottle v0.12.15 server starting up (using WSGIRefServer())...
Listening on http://0.0.0.0:80/
Hit Ctrl-C to quit.
```

现在，你可以使用树莓派的 IP 地址在计算机或智能手机上打开浏览器(只要它连接到 Wi-Fi)，如图 12-5 所示。

注意，程序必须使用 sudo 来运行，因为 bottle Web 服务器需要超级用户权限才能运行一个 Web 服务。

让我们来看看代码：

```
# 12_01_rover_web.py

from bottle import route, run, template, request
from motor_driver_i2c import MotorDriver

motors = MotorDriver()

# Handler for the home page
@route('/')
```

```
def index():
    cmd = request.GET.get('command', '')
    if cmd == 'f':
      motors.forward()
    elif cmd == 'l':
      motors.left(0, 0.5) # turn at half speed
    elif cmd == 's':
      motors.stop()
    elif cmd == 'r':
      motors.right(0, 0.5)
    elif cmd == 'b':
      motors.reverse(0, 0.3) # reverse slowly
    return template('home.tpl')

run(host="0.0.0.0", port=80)
```

该程序首先从 bottle 中导入它需要的各种东西，以便能够充当 Web 服务器，该服务器只需要为一个页面提供控制漫游者移动的控件。MotorDriver 类也会从模块 motor_driver_i2c 导入，也可以在文件 motor_driver_i2c.py 的第 12 章代码中找到该模块。

然后创建 MotorDriver 的一个实例，并将其赋给变量 motors。正如我们期望的那样，bottle 框架允许你定义路线或 Web 页面。在本例中，仅使用 @route 指令定义一个路线(/)。每当浏览器连接到树莓派的 IP 地址时，就会调用 handler 函数 index。

Index handler 函数读取 command 请求参数，并根据请求参数发送不同的电机控制命令。稍后我们能看到这些请求参数的来源，这里继续该程序，index handler 程序的最后一行返回一个由 home.tpl 文件包含的 HTML 组成的模板。run 命令用于启动 Web 服务器的侦听。

以下是模板文件 home.tpl 的简化版本，其中删除了截取按键的代码以简化流程。

```
<html>
<head>
<script src="http://ajax.googleapis.com/ajax/libs/jquery/1.3.2/
jquery.min.js" type="text/javascript" charset="utf-8"></script>

<style>
.controls {
      width: 150px;
```

```
        font-size: 32pt;
        text-align: center;
        padding: 15px;
        background-color: green;
        color: white;
    }
</style>

<script>
function sendCommand(command)
{
    $.get('/', {command: command});
}
</script>

</head>
<body>
<h1>Web Rover</h1>

<table align="center">
<tr><td></td><td class="controls"
onClick="sendCommand('f');">W</td><td></td></tr>
<tr><td class="controls" onClick="sendCommand('l');">A</td>
    <td class="controls" onClick="sendCommand('s');">S</td>
    <td class="controls" onClick="sendCommand('r');">D</td>
</tr>
<tr><td></td><td class="controls"
onClick="sendCommand('b');">Z</td><td></td></tr>
</table>

</body>
</html>
```

　　这个文件的一部分代码是 HTML，它用于在网页上创建按钮；另一部分是 JavaScript 代码，它在按下按钮时运行。例如，当按下 S 按钮时，将使用 s 作为参数调用 JavaScript 的 sendCommand 函数。该操作能使后台 Web 请求被发送到树莓派，请求参数(command)的值为 s(stop)，该参数然后由 Python 的 index 函数处理，从而导致电机停止。

　　如果你不熟悉 Web 接口,这个过程可能会难以理解,因为即使文件 home.tpl 位于树莓派上，浏览器也会下载它，使用它显示网页，并在浏览器中运行

JavaScript。

按下控制按钮时，观察电机轴的转动方向。如果发现其中一个车轮转错了方向(相对于你命令的转动方向)，则交换该电机的导线，使红色导线指向黑色导线的位置，反之亦然。

一旦确定一切都正常工作了，就可以把树莓派和电池固定好，把轮子放在漫游车上，松开它！

12.3 自动漫游车

该项目的自动版本仅在使用超声波测距仪来避免被障碍物卡住的情况下能自动运行。

12.3.1 项目部件

要构建此项目，除了需要第一个项目所需的一切，还需要以下部件，如表 12-2 所示。

表 12-2 推荐的部件供应商

部件	供应商
半尺寸试验板	Adafruit: 64, SparkFun: PRT-12002
超声波测距仪-HC-SR04P*	Adafruit: 4007, eBay, Amazon 等
1kΩ 1/4W 电阻器(仅当使用 HC-SR04 时)	SparkFun: PRT-14492, Adafruit: 4294
4 条阴转阳跨接导线	SparkFun: PRT-09140, Adafruit: 826

*注意，HC-SR04P 是 HC-SR04 的 3V 版本。这使得连接树莓派的 3V 版本非常容易，但如果找不到 HC-SR04P，也可以使用 HC-SR04 和 1kΩ 电阻器(请参阅使用 5V HC-SR04 的说明)

测距仪的工作原理是发出一个超声波脉冲(40kHz)，然后监听超声波从障碍物反弹回来的回声。通过计时回声到达的时间，在已知声速的情况下，你就可以计算测距仪与障碍物之间的距离。

12.3.2 硬件

本项目开始时的接线与上一个项目中的相同，但现在还需要连接超声波测距仪，如图 12-7 所示。

图 12-7   超声波测距仪的接线

无焊试验板应包含一个可剥离自粘底座。将其向后剥离一点，使其固定在可作为底座的试验板上，将测距仪固定在可向前探测障碍物的位置(见图 12-1)。

市面上有两种外观相同的超声波测距仪。有一种是 plain-old HC-SR04，在 5V 逻辑电平下工作，还有一种是 HC-SR04P，在 3V 下工作。后者很难找到，所以如果你有一个 HC-SR04 并且想在这个项目中使用它，那么你需要增加一个 1kΩ 的电阻器才能使用，并且电阻器还必须连接测距仪，如图 12-8 所示。区别在于 HC-SR04(非 P)必须将 VCC 连接到 5V 而不是 3V，测距仪上的 ECHO 必须通过 1kΩ 电阻器连接到 GPIO 引脚 18。

HC-SR04 测距仪使用两个 GPIO 引脚，TRIG(触发器)和 ECHO。TRIG 引脚连接到树莓派的一个 GPIO 数字输出，即使树莓派的输出为 3V，它仍将触发测距仪发送超声波脉冲，而无需任何额外电量。

图 12-8　带 5V 测距仪的树莓派

测距仪的 ECHO 输出是另一回事，因为在 HC-SR04 上，这是一个 5V 输出，你需要将 5V 输出连接到树莓派的 GPIO 引脚的 3V 逻辑输入。如果直接连接，过多的电流将流入输入端，会导致发热，可能会立即或逐渐地对你的树莓派造成无法修复的损坏。

为了防止这种情况发生，必须在 HC-SR04 的输出和树莓派的输入之间使用 1kΩ 的电阻器。电阻器把经过的电流限制在几毫安的安全范围。用于支撑测距仪的试验板是放置电阻器的理想位置。

12.3.3　软件

一旦硬件组装完成，就可以启动树莓派了。建议你取下轮子，以防机器人意外离开你的桌子。可以在 mu_code/prog_pi_ed3/ch12/12_02_rover_.py 中找到该项目的程序。打开终端并使用以下命令运行该程序：

```
$ python3 12_02_rover_avoiding.py
56.639925234462396
```

```
56.416771908413125
56.33095690765418
55.11233241934848
19.600832519839173
18.879969356889433
18.879969356889433
18.948621356716103
/usr/lib/python3/dist-packages/gpiozero/input_devices.
py:997: DistanceSensorNoEcho: no echo received
    warnings.warn(DistanceSensorNoEcho('no echo received'))
19.223229356998388
19.429202519296894
19.377696357584
```

　　出现的数字是测距仪的读数。把你的手放在测距仪前面试试，看看测距仪是否正常工作。注意，你经常会看到一条错误消息，该消息表示未收到回音。这是很正常的。

　　漫游者的基本策略是，它一直向前移动，直至检测到距离 50 厘米以下的障碍物，检测到以后，它会在原地(通过向相反方向转动车轮)随机转动一段时间，然后再次出发。

　　要停止电机运行，请在距离测距仪约 15 厘米(6 英寸)的地方放置障碍物。该代码的目的是当漫游者太靠近障碍物时完全停止。

　　软件代码如下：

```python
# 12_02_rover_avoiding.py

from gpiozero import DistanceSensor
from motor_driver_i2c import MotorDriver
import time, random

motors = MotorDriver()
rangefinder = DistanceSensor(echo=18, trigger=17)

def turn_randomly():
    turn_time = random.randint(1, 3)
    if random.randint(1, 2) == 1:
        motors.left(turn_time)
    else:
        motors.right(turn_time)
    motors.stop()
```

```
while True:
    distance = rangefinder.distance * 100 # convert to cm
    print(distance)
    if distance < 20:
        motors.stop()
    elif distance < 50:
        turn_randomly()
    else:
        motors.forward()
    time.sleep(0.2)
```

一个非常重要的部分是,gpiozero 库中有一个名为 DistanceSensor 的类,它使 HC-SR04P 的使用变得非常简单。我们只需要告诉它哪些 GPIO 引脚连接到 TRIG 和 ECHO,然后就可以使用 rangefinder.distance 向它询问障碍物的距离,单位为米。

函数 turn_randomly 生成一个 1 到 3 秒之间的随机时间,然后在该时间段内随机选择向左或向右转弯。

12.4 本章小结

这两个机器人项目可以作为许多其他有趣项目的基础。你可以尝试在机器人后面画一条线,或者在机器人上安装一个 USB 网络摄像头。

这是本书的最后一个项目。在第 13 章(也是最后一章)中,我们将学习其他资源,以帮助你进一步学习树莓派编程。

第13章
应用扩展

树莓派是一款非常灵活的设备，可以在各种情况下用作台式计算机的替代品、媒体中心或用作控制系统的嵌入式计算机。

本章介绍了树莓派的不同用途，并详细介绍了一些关于树莓派编程的资源，这些资源也包括如何在家中以更有趣的方式玩转树莓派。

13.1 Linux 资源

毫无疑问，树莓派是众多能运行 Linux 的计算机之一。你可以在许多有关 Linux 的书籍中找到有用的信息。注意，要选与你正在使用的树莓派发行版本一致的书，对于树莓派 OS 来说，应选 Debian 相关的书。

除了需要进一步学习文件管理器和应用程序外，还需要了解使用终端和配置 Linux 的更多信息。推荐一本介绍这方面知识的书，由 William E. Shotts 编写的 *The Linux Command Line: A Complete Introduction*。很多学习 Linux 的优秀资源都可以在互联网上找到，所以你要充分利用搜索引擎。

13.2 Python 资源

Python 并不是树莓派所特有的，你可以找到许多关于它的书籍和互联网资源。要想轻松地学习 Python，可以参考由 Toby Donaldson 编写的 *Python: Visual QuickStart Guide*。该书在风格上与本书类似，但提供了不同的视角。而且，它是以一种友好的、令人轻松的方式编写。如果你需要更丰富的信息，但仍是初学者，请阅读 John Zelle 编写的 *Python Programming: An Introduction to Computer Science*。

想要学习更多关于 pygame 的知识时，你会发现 Will McGugan 编写的 *Beginning Game Development with Python and Pygame* 非常有用。

最后，以下是一些很好的 Python Web 资源，可以将它们添加到浏览器的收藏夹列表中：

- **http://docs.python.org/py3k/**　Python 官方站点，包括有用的教程和参考资料。
- **https://lawsie.github.io/guizero**　guizero 的官方文档。
- **https://gpiozero.readthedocs.io**　gpiozero 的文档。
- **www.pygame.org**　pygame 官方网站。它包含新闻、教程、参考资料和示例代码。

13.3　树莓派资源

树莓派基金会的官方网站是 www.raspberrypi.org。这个网站包含了大量有用的信息，可以让你了解树莓派的发展历史和现状。

当你想找到一些棘手问题的答案时，可以多求助于技术论坛。你可以在论坛上搜索其他人的信息，或许这些人已经尝试过你想做的事。也可以发布问题，或者向社区展示你所做的事。当你想要更新树莓派的发行版本时，论坛可能是最好的选择。下载页面中列出了当前流行的发行版。

树莓派甚至有自己的在线杂志，名为 *The MagPi*。这是一个免费的可下载 PDF 文件(www.themagpi.com)，它包含了一些介绍功能特性和"怎么操作"的文章，相信这些文章可以激励你用树莓派做一些伟大的事。

如果需要有关树莓派硬件的更多实用信息，可访问以下链接。

- http://elinux.org/RPi_VerifiedPeripherals，提供了经验证的可与树莓派一起工作的外围设备列表。
- http://elinux.org/RPi_Low-level_peripherals，提供了与 GPIO 连接器交互的外围设备列表。

如果你想更深入地了解树莓派，特别是它与电子产品的连接方法，那么可以参考我的另一本书 *Raspberry Pi Cookbook*，该书包含了你想用树莓派完成任何事的众多"配方""验方"，一定有你需要的内容。

如果你有兴趣为你的树莓派购买硬件插件和组件，Adafruit 有一专题专门介绍树莓派。SparkFun 还售卖树莓派插件板和模块。在英国，CPC、Pimoroni 和 Kitronik 都有针对树莓派的有趣插件出售。

13.4　编程语言

在本书中，我们专门研究了如何用 Python 进行树莓派编程，并给出了一些理由：Python 是一种非常流行的语言，它在易用性和强大功能之间较为平衡。然而，Python 绝不是树莓派编程的唯一选择。树莓派 OS 发行版也包括其他几种语言。

13.4.1　Scratch 语言

Scratch 是麻省理工学院开发的一种可视化编程语言。作为鼓励年轻人学习编程的一种方式，它已在教育界广受欢迎。Scratch 拥有自己的开发环境，比如 Python 的 IDLE，使用该语言编程是通过拖放编程结构而不是简单地输入文本来实现的。

图 13-1 显示了样例程序的一部分，该程序是利用 Scratch 编写的乒乓球游戏，游戏中一个球在球拍上弹起。

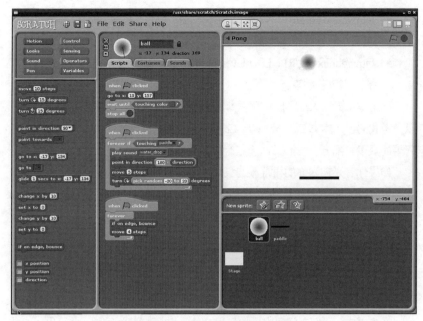

图 13-1　在 Scratch 中编程

Simon Walters 开发了一个 GPIO 库，这样你就可以使用 Scratch 来控制 GPIO 引脚。

13.4.2　C 语言

C 语言是编写 Linux 的语言，GNU 的 C 编译器就是 Raspbian Wheezy 发行版的一部分。要在 C 中试用"Hello World"类型的程序，请使用 Mu 创建一个包含以下内容的文件：

```
#include<stdio.h>
main()
{
    printf("\n\nHello World\n\n");
}
```

保存该文件，将其命名为 hello.c。然后，切换至该文件所在目录，并在终端中输入以下命令：

```
gcc hello.c -o hello
```

这行代码将运行 C 编译器(gcc)，将 hello.c 转换为一个名为 hello 的可执行程序。通过输入以下命令，可以从命令行运行它：

```
./hello
```

Mu 编辑器窗口和命令行如图 13-2 所示，也可以在其中看到生成的输出。请注意\n 字符会在消息周围创建空行。

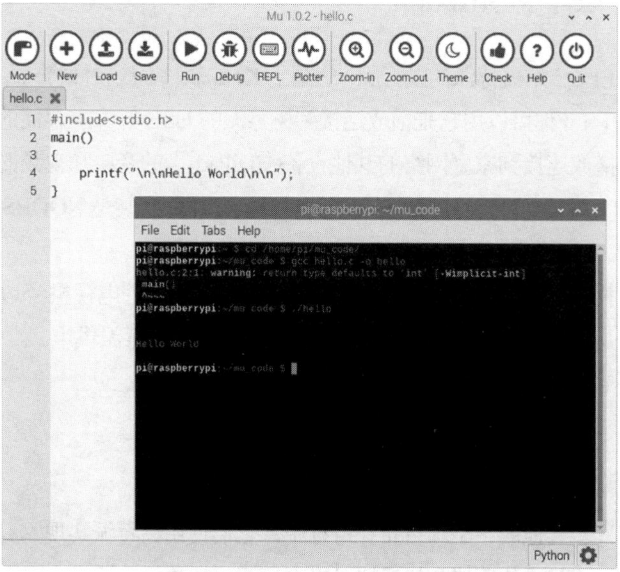

图13-2 编译一个C程序

13.5 其他语言

还可以在 Start 菜单上找到几个用于 Java 编程的 IDE 选项。因此，如果想学习 Java(不要与 JavaScript 混淆)，也可以在树莓派上学习。最新的树莓派模型完全能够运行 Web 服务器堆栈，包括一个数据库和 Web 服务器。随着 Web 开发的流行和发展，这些选项经常会发生变化。

13.6   应用和项目

任何一项新技术，如树莓派，都必将吸引一批创新爱好者施展才华，为树莓派找到有趣的用途。在撰写本文时，有几个有趣的项目正在进行中，下面分别来介绍。

13.6.1   媒体中心(Kodi)

LibreELEC 是树莓派的发行版，它基于 Kodi 软件，该软件将树莓派转变为一个媒体中心，你可以用它来播放连接到树莓派的 USB 媒介上存储的电影和音频，或者播放连接到家庭网络的其他设备(如 iPad)上的音频和视频的流媒体。当使用 NOOBS 设置树莓派时(见第 1 章)，LibreELEC 安装是 NOOBS 屏幕上的一个选项。

由于树莓派的价格低廉，因此很多产品都能被放进电视机旁边的小盒子里，尤其是现在很多电视机都有 USB 接口，可以为树莓派供电。

有关 LibreELEC 的更多信息，请访问 https://libreelec.tv/。

13.6.2   家庭自动化

还有许多其他的小型项目正在进行中，它们使用树莓派实现家庭自动化，也称为 domotics。传感器和执行器可以直接连接树莓派或通过 Arduino 连接，这使得它非常适合作为控制中心。

大多数方案都基于树莓派在本地网络上托管的 Web 服务器，这样网络上任何位置的浏览器都可以用来控制家庭网络中的各种设备，例如打开和关闭灯、控制恒温器等。

这里要学习的技术是 MQTT(mosquitto)和 NodeRED。

13.7 本章小结

树莓派是一个非常灵活且成本低廉的设备，能够为我们提供许多有用的方法。即使只作为一台简单的家用电脑，你也可以用它在电视上浏览网页，这是非常有用的(而且比大多数其他方法便宜得多)。当你开始将树莓派装置应用到你家周边的项目中时，可能会越来越感受到购置这些小小的树莓派装置带来的乐趣.。

最后，别忘了利用本书的配套网站(www.raspberrypibook.com)，在该网站上可以找到可下载的软件、作者的联系方式以及本书的勘误表。